理解科学丛书

UNIVERSE
AND HUMAN

宇宙与人

北辰◎编著

清華大學出版社
北京

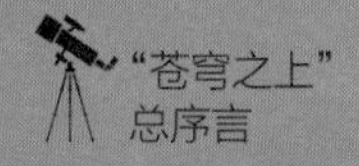

文字创造出来的科普艺术

科普就是把复杂的知识通过简单的讲解让公众知道，文字科普是最简单、最原始的科普方式，它易于被公众接受和理解。科普面临着软与硬的问题，包含知识点较多的科普，科学概念较多，技术含量很高，这是硬科普，很难被解说得简单易懂。而那些知识含量较少的科普，可以叫做软科普，由于贴近我们的日常认识，就容易被公众接受，或者说能被完全理解。

在评价科普作品是否成功的时候，我们一般只评价它是否易于被公众理解，而忽视了科普的软与硬的问题。毫无疑问，在这种评价中，那些生物和地理方面的科普就很容易占到便宜，而那些与物理相关的科普就很难获得认可。在与物理相关的科普中，包含太多的概念，不了解这些概念，就读不懂科普。尤其是青少年，他们还没接触过那些抽象的物理概念，自然很难读得懂，这种情况在天文学科普中尤其突出。

古老的天文学是观测星象的学科，并把观测到的星象与人间事务联系在一起。当代的天文学，完全依靠观测技术的进步，大量的耗资庞大的观测设备出现了，它们形形色色、原理各异。它们的观测成就丰富了天文理论，导致天文物理知识大爆炸似的增长。这些物理知识很难被公众理解，这对天文科普提出了挑战。

“苍穹之上”天文科普丛书解决了这个问题，本套丛书对新知识、新发现进行了趣味的选取，并在此基础上进行艺术的重新构造之后，打磨出一套图文并茂的科普作品。这套丛书不仅选题具有趣味性，在写作方法上也别出心裁，采用比喻、拟人、自述等多种写作手法，文风各异，把所述的内容变得浅显、有趣、易懂，让文字的科普作品充满了艺术性。这既不是科幻的艺术性，也不是童话式的艺术性，而是面对着大量艰深物理概念的艺术描述。

本套丛书不是对天文科学知识进行简单的系统描述，它跟当前科普市场上的所有科普都不一样，这是艺术的科普，真正体现了科普的艺术性，这是消耗大量时间和精力的产物。

本套丛书重点反映的是最近十几年，尤其是最近几年的天文新发现。为了配合书中的文字讲解，搭配了大量的图片，这些图片或者来源于美国国家航空航天局，或者来源于欧洲航天局，特向这两个机构表示致敬，还有一些系统原理图片是作者自己绘制的。

序　言

地球已经有38亿年的历史，它在演化的过程中出现了生命，低级生命进一步演化成高级生命，最终，智慧的人类出现了，人类的出现只是地球的演化中的必然。但是，地球生命还有另一种来源，那就是最初的生命种子可能来源于太空，是天外的陨石给地球带来了最低级的生命。来自太空的陨石可能会帮助我们解开地球生命来源之谜，陨石是破碎天体的碎块，它们掉落到地球上会引起灾难，被人当作讨厌的臭鸡蛋，但科学家喜欢它，它们也同样吸引了收藏家的目光。在天外陨石的研究中，人们还真找到了一些值得注意的陨石，科学家就从一块来自火星的陨石中发现了磁晶体，这里可能蕴含着生命最初形成的信息。

现在科学已经证明，生命来自太空有着强大的理论支持，从遥远宇宙中传来的光谱信号已经证明，星际气体云中包含着很多的化学元素，那里不仅有糖，也有酒精，更有组成生命的其他基础化学物质，那里就是外星生命形成的源泉。地球上的生命基本上都是由左旋氨基酸组成的，没有右旋氨基酸组成的生命，这是一个很奇怪的现象。来自遥远宇宙的信息却表明，在宇宙中，不仅是左旋氨基酸，还是右旋氨基酸，它们的形成都是机会均等的，所以，右旋氨基酸组成的对映体生命是应该存在的。

这就让人进一步思考，外星人长的是啥模样，在其他的行星上，不一样的大气压，不一样的引力和不一样的生命机理，外星人的长相可能远远超过我们的设想。

外星人是敌是友，外星科技怎么样，这一切催生了寻找外星文明的热潮。人们向那些可能存在外星生命的星球发出电磁波，希望能得到他们的回音，也使用电磁波来探测他们的存在，但是，更可能有效的探测手段是激光，使用激光来探测他们是比较靠谱的方式。找到外星人怎么办，我们怎么跟他们交流？当然还要使用激光来通信。如果把科学常识设计成星际语言，是一种不错的思路，比较容易被文明的外星人理解。

接到这样的信号，文明的外星人会怎样理解我们的科技？虽然最有效驱动飞船的能量是核技术，但核技术并没有装备在航天器上，我们的航天技术还是非常原始的，还停留在刚刚能登陆月球的地步，就连很符合生命需要的火星都没有去过，这一点大概会引起智慧生命的嘲笑。

在探测太阳系以内天体的技术上面，主要依靠探测车来实现，外星球探测器的演变之路实际上就是人类探测技术的进步之路。探测车是星际探索的先遣队，它们会去改造那里的一切，让那里变得适合我们生活。还有另一种途径可以改造行星，在太阳系内，金星就是一个目标，这是个高温高压的星球，使用原子弹就可以把它改造得符合地球人的需要。

地球并不是安全的，来自天外的危险很多，小行星是地球文明的最大敌人。近些年的研究表明，这些横冲直撞的小行星撞击地球的几率非常高，为此人们设想了很多方法。对地球造成威胁的还有那些高速恒星，它们离开银河系，高速度地奔逃，如果进入太阳系，将会引发奥尔特云的扰动，会导致彗星或者小天体攻击地球。

改造行星的工程量是浩大的，我们更应该好好保护地球。也正是对地球文明毁灭的担心，人们设想了很多办法。发射未来考古鸟，让他告诉五万年后的人类，尽管这个计划一拖再拖并没有实施，但是它警示当代人，需要考虑我们文明的出路。

对地球文明毁灭的担心促使人们想拥有更好的方法，以向外界发展，毕竟文明的标志是探索宇宙的能力。但是航天技术严重滞后，不能直接飞到远处考察太阳系以外的行星，保卫地球也都是纸上谈兵。理性的研究方法还是在地球上，改造我们现有的设备，好好寻找太阳系以外的行星，这些行星被称为日外行星。

寻找日外行星，就能寻找到宇宙生命，任何生命必须生活在行星上，虽然我们无法直接了解他们的生命机理，但是可以采用光波技术得知那里的环境。寻找日外行星，更重要的是为人类找到第二个家园。这是一项艰巨的任务，在过去几十年内毫无进展，但是，这项技术在终于在1995年出现了曙光。瑞士人找到了第一颗太阳系以外的行星，大量的日外行星出现在望远镜的视野里。天文学家寻找日外行星，一般使用四种不同的方法，它们都跟引力有关。

找到的很多行星中，也有奇特的个案存在，比如父母双全的行星，当然，这并不影响它们是否能居住，如果能居住的话，这样的行星上将会出现两个太阳。还有的行星似乎可以居住，仔细分析，就会发现，那是一个误会，比如热量足够但是压力却巨大，导致热冰世界的行星。

更大的发现是那些红矮星身边的行星，适合我们居住的日外行星很可能就属于红矮星，它距离红矮星较近，能得到足够的热量，大逆常规的是这样的行星上没有白天黑夜的变化，这里只有白天，在这样的行星上，会有很多种情况，一边是地狱，一边是天堂，人类生活的地带很可能是一个大圆环，也可能有足够的热量，却难以看到太阳。

伴随着日外行星的大量出现，发现像木星那样的气体星球很多，它们不仅体积巨大，也没有固体表面，对我们毫无价值。适合居住的是体积和质量较小的行星，于是，判断一个遥远的日外行星的密度就成为高精尖的技术，密度可以告诉我们关于该行星的很多信息。

研究日外行星的另一个高精尖技术是观测日外行星的白天，当行星运转到恒星侧面的时候，也就是行星的白天，这个时候获得的光谱能够判断行星上的大气成分，这成为判断那里是否能居住的重要手段，当然，这也是那里是否会有生命的重要依据。

目录

陨石——既是臭鸡蛋，也是香饽饽

陨石的前身是彗星

2009年6月9日，德国的布兰克走在上学途中，突然有一个发着白光的火球闪电般朝他笔直飞来。布兰克还没有反应过来，那道白光就从他的左手手背上呼啸擦过。他感到手上一阵剧痛，接着，身后响起了一声巨响，那个东西落在地上，布兰克只是被强烈的震动震倒在地上，所幸并没有受伤，等到他爬起来，看到地上炸出一个小坑，还冒着白烟。

撞击到布兰克的是一块陨石，一块很小的陨石。陨石就是从天上掉下来的石头，它们是从太空中来的。

如果追究陨石的来源，那么还得从彗星说起，彗星是太阳系边缘的天体，结构上以水冰为主，由于受到太阳的引力，会定期冲向太阳，它表面的水冰受到太阳的照射，就会蒸发，于是我们就看到它拖着长长的尾巴。彗星每次回归都会损失一些物质，最后，当它们的物质绝大多数损失掉了，就只能解体，变成一堆碎石块。这些碎石块也在自己原来的轨道上运行，只不过拖得很长。当它们闯入地球大气层的时候，就会出现极为壮丽的景象。

我们会看到，夜空中的星星突然像下雨那样落下来，密密麻麻，这种十分浪漫的景观就是流星雨，如果这些彗星残骸在地球大气层没有完全燃烧，落到了地球上，那就是陨石。陨石除了以流星雨这种形式落下来之外，还会单个地落下来，这种情况就比流星雨常见得多。

陨石是臭鸡蛋

像布兰克这样被陨石砸中，却又安然无恙的人实在是罕见。陨石落在地面上，目前还没有办法预报，人在家中坐，祸从天上来，给不少人带来了很大的灾难，说陨石是灾星毫不为过，古代的帝王都把陨石降落当作是发生灾难的先兆。

对陨石最烦恼的还是军事安全部门。值班员们在防空雷达上日夜监视天空，他们并不是监视飞机，他们的目的是查看天空中是否出现异常的东西，主要是监视敌对的国家是否向他们发射导弹，对他们发动突然袭击。雷达监视屏上几乎永远都是平静的，雷达上稍微出现一个目标，就能把他们吓得不轻。

但是，陨石可不管这一套，它们不知道什么时候就会出现，在与地球大气层摩擦的时候，最容易出现在雷达上，这些突然出现的目标，让值班员一时无法分辨是什么东西，往往造成手忙脚乱。等到辨别出是陨石，才知道是虚惊一场。所以，突然出现的陨石往往让值班员烦恼不已，他们把陨石当作是臭鸡蛋。

南极陨石

陨石在下落的时候，还会造成无线电波的干扰，产生像电火花那样“嗤嗤嗤”的声音，这也让无线电管理部门心烦得很，他们也把陨石当作臭鸡蛋，陨石实

在是一个不受欢迎的角色。

陨石也是香饽饽

虽然说搞无线电的不喜欢陨石，但是在一百多年前，陨石对他们来说却是可遇不可求的好东西。那时候，无线电技术还刚刚出现不久，无线电报是最重要的通信手段，远距离发电报是一件很麻烦的事情，因为地球是圆的，电磁波无法传播那么远，在地平线以下的地区就无法收到电报。但是，如果这个电波经过空中的转播，就可以传输得很远，这时候，流星扮演了重要的角色。当流星出现的时候，会拖着一条长长的直线轨迹，这条轨迹就充当了二传手，可以把电报信息传出去，传播到遥远的地方，让地平线以下的地区可以接收到电报。

陨石和流星都是一回事，流星这个名字仅仅是陨石落到地面之前的那一分多钟的名字，落到地面后就叫陨石。

所以，虽然现在搞无线电的不喜欢陨石，但是他们的老祖宗却把陨石当成了香饽饽。现在，依然有人把陨石当作是香饽饽，这些人是天文学家。

天文学家认为，陨石是在地球之外的太空中形成的，它们基本上都是太阳系内部产生出来的，在形成的过程中，包含着太阳系形成的秘密，有的富含铁矿，还有的富含各种稀有金属，都是研究太阳系形成的最好材料。如果没有陨石落下，要得到这些材料，就要乘坐飞船上太空去取回来，陨石带着太空的信息从天上掉下来，岂不是大好事。

崇尚物以稀为贵的古玩商们很早就关注陨石了，在他们眼里，陨石是实实在在的香饽饽。在古玩市场上，陨石的价格甚至比黄金还贵。他们喜欢陨石并不仅仅是陨石稀少，还因为有些陨石确实很有审美价值。例如一种铁陨石含有特殊液态铁成分，所以它的表面有橄榄晶体，外表华丽夺目，可制作珍贵的首饰。中国海南岛的雷公墨也是一种陨石，有点像玻璃，在玻璃还没有诞生的时代，雷公墨当然也是稀罕物。

无奈的科学家

在美国堪萨斯州基奥瓦县的一处小麦地，阿诺德驾驶着他的黄色悍马车在前进，车的后面拖着一个金属探测器，他正在寻找陨石，因为他认为这里会有陨石，那块陨石是很久以前落在这里的。几个小时之后，他终于如愿找到了陨石。

像阿诺德这样在全世界各处寻找陨石的人有很多，他们并不是天文学家，如果问他们为何这样疯狂地寻找陨石，那么只有一个答案，那就是他们想卖钱。只要听说哪里有陨石降落，陨石贩子就会随之而来。一般人很难把陨石与普通石头区分开来，但是陨石贩子就不一样，他们基本上都具有很好的专业知识，不仅可以找到落下的陨石，还能把几亿年前落到地面的陨石与其他石头区分开来。

陨石贩子的参与导致大量的陨石被人收藏起来，而最需要研究陨石的科学家却得不到。面对越来越稀少的陨石资源，科学家着急

石质陨石

也没有办法，天上掉下来的东西，谁捡到归谁，似乎没有什么办法制止陨石贩子的行为。

美国的导弹预警卫星一直是帮助科学家监测陨石的主要手段，但是这几年，掌管预警卫星的美国军方决定，不再向科学家提供陨石坠落信息。有人猜测说：公布陨石的相关信息，有可能泄露军事机密，所以他们不愿意这样做了。还有人开玩笑说：大概把陨石当作是臭鸡蛋的军方人士，现在也开始觉得陨石是香饽饽，他们想等陨石落下来，独自去找几块玩玩。

奇异的磁敏感菌

奇异的生命

如果把一只鸽子带到千里之外放飞，它能很容易地飞回到原来的出发点。对于鸽子的这种习性，人们研究后认为，在它们的体内，含有微型指南针，它可以感知地球磁场的变化，鸽子就是用这个指南针来为自己导航的。

谁都知道指南针，它是由磁铁组成的，但是，地球上的磁铁是从哪里来的呢？如果有人说它们是从细菌的尸体演变来的，恐怕无人相信。但是，这个说法已经得到了初步证明。

产生纯净磁铁的是磁敏感菌，这种磁敏感菌在地球上十分广泛地存在着。在某些浑浊的水体内有它们生命的踪迹，在某些矿物内，它们也顽强地生活着。一般来说，它们只有在水体或者沉积物的某个深度才能兴旺生存。超过这个深度，由于氧气的浓度不同，都不利于它们的生存，离开这一环境的磁敏感菌，必须回到适宜的环境中去。通常情况下，它们喜欢那些低氧的水体环境。和其他的细菌一样，它们也没有什么五官特征，但它们有长长的鞭毛，固定在细胞膜内。通过分解三磷酸腺苷产生能量，使鞭毛产生旋转，推动磁敏感菌在水中四处游动，寻找食物丰富的地方。

宏观世界的生命，不仅可以感知外界的温度，还可以感觉到大小和颜色的不同，但是，这种细菌却很简单，它对外界的唯一感受就是地球的磁场变化。

磁敏感菌的秘密

在磁敏感菌的体内，含有一些磁晶体，这种磁晶体并不是一个个的微粒，它们是一串长长的链条，这个链条由20个磁型晶体颗粒组成。每个晶体的直径在35~120纳米之间。这类磁晶体在化学结构上来说是纯净的，晶体结构没有一点其他痕迹，有着特定的晶轴方向，就像被切割的钻石那样工整。

磁敏感菌之所以能形成这种奇怪的结构，是因为它们可以在微观尺度上控制原子的组合方向，从而控制晶体的生长结构。在它们的体内，会形成一个细小的生物隔膜，这些生物隔膜可以把氧原子和铁原子包围起来，形成纯净的磁铁矿晶体。将几个这样的晶体排列在一个方向，也就相当于一个磁力棒，它具有指南针的作用。磁敏感菌就是用氧原子和铁原子制造出四氧化三铁，然后联结成长长的条状，让这些具有磁性的磁晶链当作指南针来为自己导航。

地球的磁场，除了指向地球两极外，还与地球的表面高度有关，而水体中的含氧量，是沿着地球重力方向分层的。那些氧气含量比较适合的水体环境，就是这种磁细菌的移动方向。有了磁晶链的帮助，细菌就可以感觉上下磁场的强弱，由此判断哪些地方有它们需要的氧气含量。它们会摆动细细的鞭毛沿着磁力线向那个方向移动。

来自火星的磁敏感菌

磁敏感菌虽然存在已久，但是，最近十几年它的名字才开始频繁地出现在人们的视野中，也从而名声大震。

火星

2000年，美国宇航局的科学家宣布，他们在一块来自火星的陨石中发现了磁晶体。这种磁性成分就是四氧化三铁，这块陨石叫阿兰山84001，它是在40亿年前的火星上形成的，大约在1.3万年时来到地球南极。在电子显微镜下，仔细观察它的切片可以发现陨石的深层含有这种磁性晶体组成的链条。这块陨石上的磁晶体基本可以肯定不是受到地球环境污染形成的。它们与地球上的磁细菌形成的磁晶体基本没有什么差别。这种磁晶体与地球上磁敏感菌产生的晶体极为相似。于是，人们认为，在远古的火星上，也存在着磁细菌，它的存在可以间接地证明火星上过去曾经存在过简单的生命，也证明火星上曾经存在过较强的磁场。

对于这块陨石的来历，前几年科学界已讨论了许久，基本认同它来自火星，最早从它的内部发现了多环芳香烃的有机化合物，也发现了磁铁矿和磁黄铁矿组成的铁化合物。现在通过对这些铁化合物的研究，人们认为它与地球上由磁敏感菌产生的磁晶链基本一致。这个研究成果发表在2000年的《地球化学和宇宙化学学报》上。

最早利用磁技术的专家

对于这种磁细菌，目前人们了解得还不是十分清楚，但是它的生命特性是很耐人寻味的。单个的磁晶体可以很好地保持两极特性，多个磁晶体就可以使它的磁性保持得更加强烈，这可以使它们很好地辨别磁场方向，但是，倘若可磁化的颗粒变得过大，就会使它的磁场极性相互抵消，从而没有总的磁性，也就不能成为高效的指南针了。因此，磁敏感菌选择的链状结构恰到好处，可以称为纳米级技术装备的奇迹。这一点与计算机中的磁存储介质类似。

计算机极大地推动了人类文明社会的进步，给我们的生活和工作带来了许多便利。计算机技术的根本源于硬盘磁存储介质的发明，当人类为自己的技术感到骄傲的时候，却发现，自然界的生物在几十亿年前，就已经独立地创造出这种磁存储介质。科技的发展，再一次证明，自然界造就的生物系统要比人类的技术高明得多。当人们意识到这一点时，它也成了纳米技术专家的研究对象。

细菌的种类要比我们看到的生物品种多得多。它们中的许多都生活在我们不熟悉的环境中，不论在地球的哪个角落，甚至是生命的禁区，也有许多细菌顽强地生活着。无疑，磁敏感菌的生活方式是最令人叹为观止的。虽然它们的功能十分简单，但它对地球磁场的利用能力却让人叹为观止。最高明的人类也只是近百年来才了解地球的磁场，磁悬浮技术的使用也只有十几年的历史。而它们却在几十亿年前就开始使用地球的磁场。

磁铁矿的贡献者

地球的早期大气中含有许多硫化氢气体，有一种硫磺细菌把它们转化成了地球表面的硫元素。这些硫磺细菌对形成今日的硫磺做

出了很大的贡献。实际上，就像煤炭和石油一样，地球上的许多矿物都是早期微生物参与下的结果。

这种磁敏感菌在地球上存在了几十亿年，虽然它们的先辈死去了，但是尸体中的磁晶链却留存下来，渐渐演化成了磁铁矿。不管是在实验室还是在天然环境中，直到现在，人们还没发现非生物方式能产生这种磁铁矿晶体。所以可以认为，这些磁敏感菌也是今日地球磁铁矿的主要缔造者。

地球的早期，大气中还充斥着大量的二氧化碳。蓝藻的出现改变了这种状况，它们制造出氧气，同时，阳光的炙烤，使水分从岩石中渗出。于是，好氧细菌开始出现了，磁敏感菌可能就是最早的一批好氧细菌，正是在它们的基础上，才出现了高等生命，因为高等生命都是需要氧气的。直到现在，某些高等生命还残留着依靠磁场辨别方向的能力。所以，这种简单的磁敏感菌生命不仅是地球磁铁矿的缔造者，也可能是一切地球生命的老祖宗。

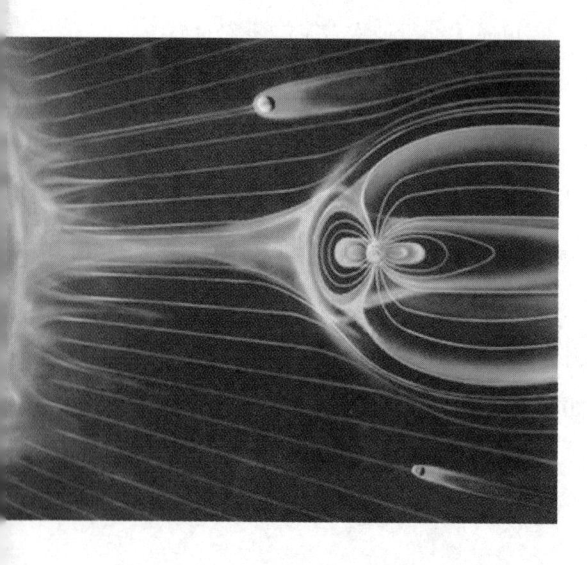

到宇宙深处去喝酒

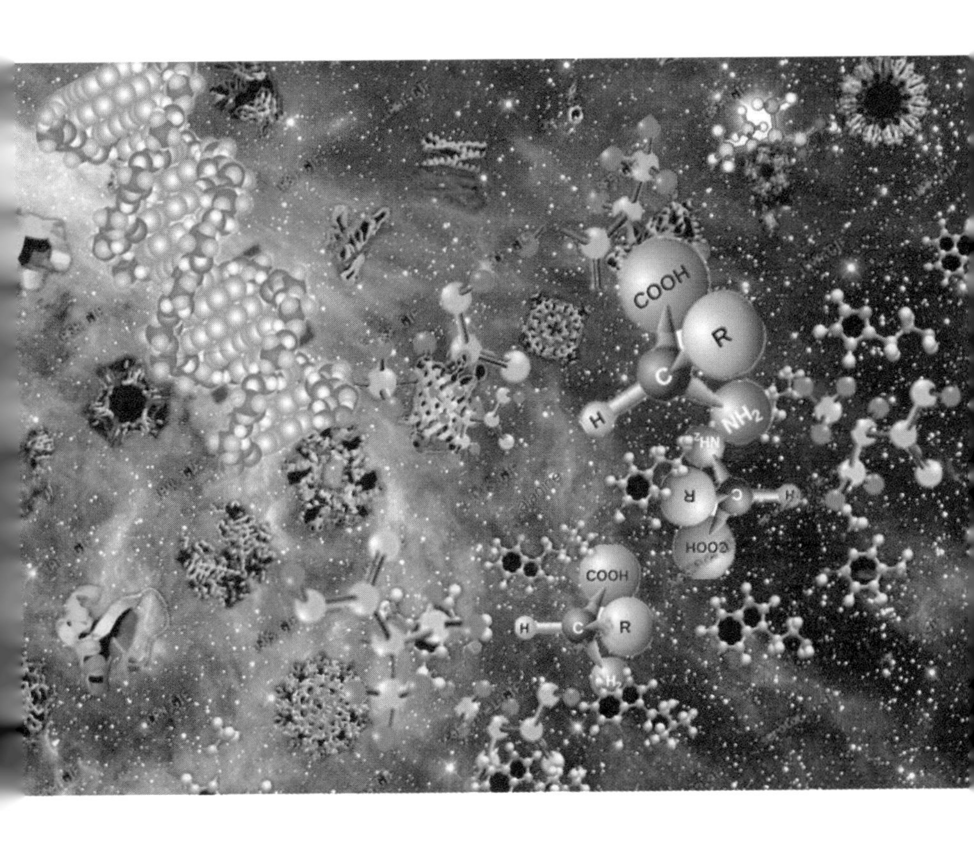

星际分子中的酒精

如果一个酒鬼没有钱，他一定会为没有酒喝而苦恼，地球上的酒虽然很多，那是人们酿造出来的，并不是免费的。如果他能到宇宙深空去的话，这种情况就会有所改变，因为那些到处都有的星云里含有无法估量的酒。即使地球上的人都是酒鬼，他们不停地喝，也够喝到地球灭亡的那一天。

1963年，射电望远镜开始应用于天文观测，在宇宙深处的许多星云里，人们发现了许多不同寻常的化学物质，它们是一些星际间的分子，星际分子被称为20世纪60年代天文学上的四大发现之一。这些星际分子中，有很多是有机分子，有机分子是构成生命的基础原料，所以这就显得非常珍贵。这些有机分子，它们种类各异，品种多样，简单和复杂的都有，在实验室不能稳定存在的分子也可以在这里找到。那个时候，天文台里讨论星际分子成了一个时髦的话题，人们对它们的兴趣也空前高涨。

于是，更多的人投身到这个方面的研究中，搜寻星际分子的工作也取得了更大的进展。天文学家忽然发现，不管我们的视线转向哪里，都可以找到有机分子的踪迹，它们广泛地存在于宇宙的所有角落。

由于它们太多，不可能对各个方位的有机分子都展开研究，所以只能研究距离我们比较近的。于是，天文学家把目光投向了人马座B2星云。这个星云离我们有26000光年，居于银河系的中心，其中含量最多的是氢分子，它们组成的氢分子云尺度达到3光年，这些氢分子就是组成其他分子的基础原料，也许正是因为基础原料太多的缘故，在其他地方几乎所有的有机分子，都可以在这里找到，这里被称为星际分子的宝库。

现在，已发现的星际分子多达100多种，它们的分子结构都很简单，当然也有复杂的，其中就有乙醇，也就是酒精，林林总总的酒类都是由酒精组成的，它是一切酒的基本核心物质。如果从数量上来说，这些酒精分子的储量是惊人的。所以宇宙中有着永远也喝不完的酒。

人们开始有了疑问，像酒精这样的分子是如何产生的呢？要知道，它们需要在有水的环境中才能产生。这就需要我们先来研究一下水这种物质。

宇宙中的冰

宇宙空间处处充满了物质，只不过这些物质的含量极少，比我们所能制造出来的真空还要稀薄，这就是星际尘埃。不要小看这么稀薄的星际尘埃，在辽阔的宇宙中它们的总量是极其巨大的。在它们聚集比较稠密的地方，会反射周围恒星发出的光芒。这就是我们用望远镜看到的星云。

在这些星际尘埃中，最主要的成分就是水分子，现在可以证明，宇宙空间中处处都存在着水。不要小看这些水分子，它们是各种星际分子形成的基础，在宇宙这个化工厂里，在各种有机分子的形成过程中，这些水的存在是非常必要的。

水分子是由一个氧原子和两个氢原子组成的，这三个原子并不是牢牢地结合在一起，实际上，它们在不停地颤抖着，也就是断

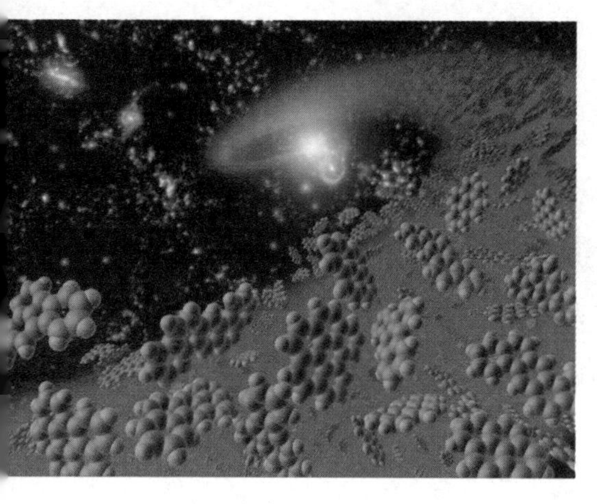
宇宙分子

开，又连接在一起，只不过这个过程极其短暂，但它却给其他分子的形成创造了条件。因为其他分子可以在水中穿行，它们可以在这个短暂的颤抖过程中与氢原子和氧原子结合在一起。于是，新的分子就在那一瞬间形成了。酒精分子就是通过一系列这样的过程形成的。

但是，在那寒冷的空间里，温度只有十几开氏度，任何水都该变成了冰。冰是一种晶体结构，这种晶体结构会把其他的杂质排除在外，没有其他的杂质，就不可能形成水分子以外的其他分子。但科学实验证明，宇宙空间的冰不是这种晶体结构，它们是一种不固定形态，就像黏稠的液体一样，可以发生形态的改变。

既然宇宙中的冰无固定形态，那么它们就可以与周围的其他分子结合，形成酒精分子。让我们来看看它们是怎样形成的。

宇宙化工厂的生产工艺

在宇宙空间中，广泛存在着这种黏稠的冰，它们不是固定地待在一个地方，而是四处漂泊。当它们在星际空间长达几亿年的漂流中，接近恒星时，它们受到恒星的照射。这些恒星不仅可以发射出光子，还会发射出多种高能粒子，紫外光子也是它们发射出来的产物，它们就像是猛烈的炮火，源源不断地轰击这些黏稠的液体。这个时候，奇迹产生了；星云也就像是一个翻滚的大海，波涛起伏。那些黏稠的冰也开始流动了。于是，宇宙化工厂的生产过程开始了。

这个生产过程所使用的基本原料就是化学元素，这些化学元素可以广泛地存在于宇宙的所有地方，在这些星际云中当然也存在。这些原料可以在水分子间穿行，结合成化学分子。工厂里要生产什么产品，需要按照严格的工艺要求，但是在这个宇宙大工厂里，没有人来安排生产方法，也没有人来安排工艺流程。所以它生产出来的东西，也就不是单一的产品，而是各种各样的产品。由于某种特别的因素，我们会发现，某种产品的产量特别高。不管产品是什么，它们的结构一般都很简单，只有几个原子组成。要想生产出更加复杂的大分子，它们还要经过更加复杂的工艺，如果在这个地方反应不够激烈的话，更加复杂的工艺往往需要换一个地方才能形成。

一个星云就是一个宇宙化工厂，这个化工厂是可以移动的，它在漫长的漂移过程中，接触到的恒星是不一样的，这也就使它们受到的辐射不一样，不一样的辐射产生出不同的分子，比较大的分子就是在一次次接触恒星辐射的过程中诞生的。像酒精这样复杂的分子，含有两个碳原子、一个氧原子和六个氢原子。也是在宇宙这个天然化工厂里，经过一次又一次的反应酿造出来的。这个酿酒过程可能需要几十亿年的时间，比地球上一个星期的发酵过程要漫长得多。

在地球上，酒是以液态的形式出现的，但是，在宇宙空间里，

温度很低，对于绝大多数地方来说，只有3开氏度，也就是零下270摄氏度。在这样的条件下，这些酒当然不可能以液态形式存在，它们跟有机分子一样，是以弥漫的气体形式出现的。

宇宙中的酒是广泛存在的，而且储量极大。如果我们在星际航行中缺乏能量，完全可以把它们当作飞船的燃料。当然，如果能把它们运回来兑上水的话，也能喝。

生命来源于太空

这些宇宙中的酒告诉我们一个惊人的秘密，这个秘密就是地球上的生命可能来源于太空，来源于那些星云。原来，科学家以为，地球上的生命是在地球上形成的，现在，这种观点发生了动摇。宇宙化工厂的产品是多种多样的，依据星际云产生出来的光谱，科学家不仅发现了酒精，还发现了糖，这不是一般可以吃的糖，它是一种细胞中所包含的核糖，可以参与细胞的多种化学反应，是构成生命的基本化学单元。

1969年，一颗陨石坠落在澳大利亚马奇逊地区，美国埃姆斯研究中心的科学家立刻赶往该地，把这颗陨石完好地保存下来，带回去仔细研究。在马奇逊陨石中发现的氨基酸有多种，这些都是组成生命的基本物质。现在，用甚大射电望远镜，在B2星云中还发现了甘氨酸，这是一种最简单的氨基酸。

种种迹象都表明，并不是在地球上，才有形成生命的基本条件。

当我们仰望星空的时候，可以看到许多暗淡的亮点，那些就是星云，它们就是星际分子的家，在那里有着各种各样的分子，它们就在宇宙空间中像个幽灵那样游荡着。那里不仅有糖，也有酒精，更有组成生命的其他基础化学物质，那里就是外星生命形成的源泉。如果我们的寿命足够长的话，那么我们在悠闲地喝着这些酒的同时，也会像上帝那样看到外星生命的诞生。

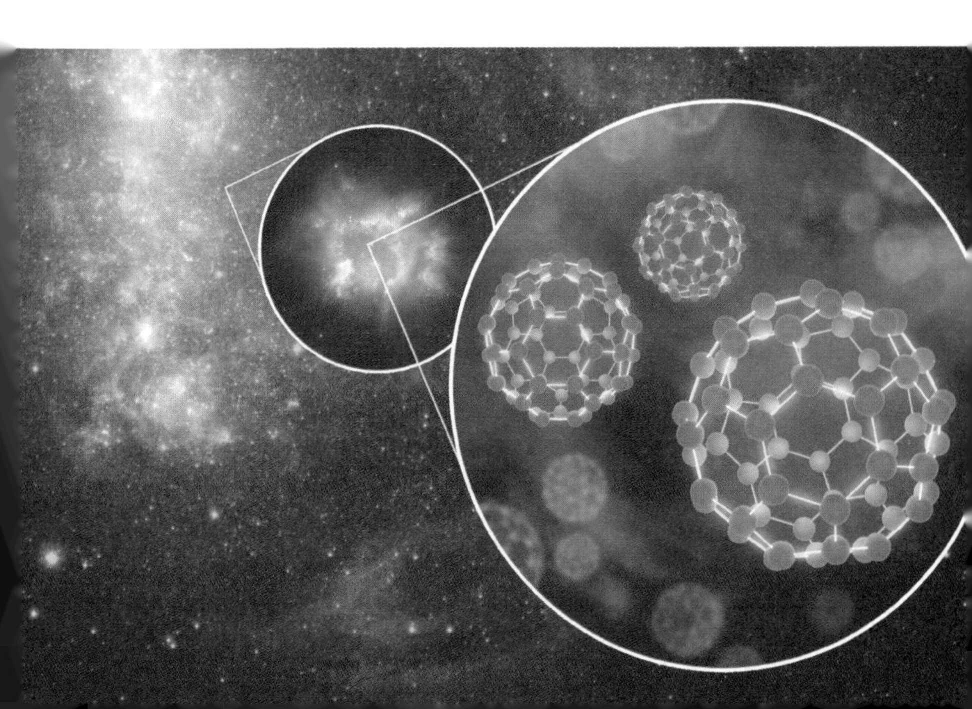

寻找对映体生命

自然界存在着许多让我们感到困惑的规律，就像有男人就有女人，有正电子也有负电子，有火就有能灭火的水，它们往往都是相互对立存在的，这种对立存在于自然界的各个方面。但是，有一种自然现象是十分神秘的，它只有一个方面，而没有另一个方面，那就是我们生命本身。科学家发现，我们地球上的生命都是由左旋氨基酸组成的，地球上没有右旋氨基酸组成的生命，所以科学家认为，在遥远的外星球，或许会存在着一种奇特的生命，他们跟我们正好相对映，他们是一群由右旋氨基酸组成的生命，也就是我们生命的对映体。

从分子到氨基酸都有手性的区别

碳原子是组成地球生命的最主要的元素，它和氢、氧一起组成了有机分子，有机分子是地球生命的最小单元，不管是什么生命，都是由这三种化学元素组成的。

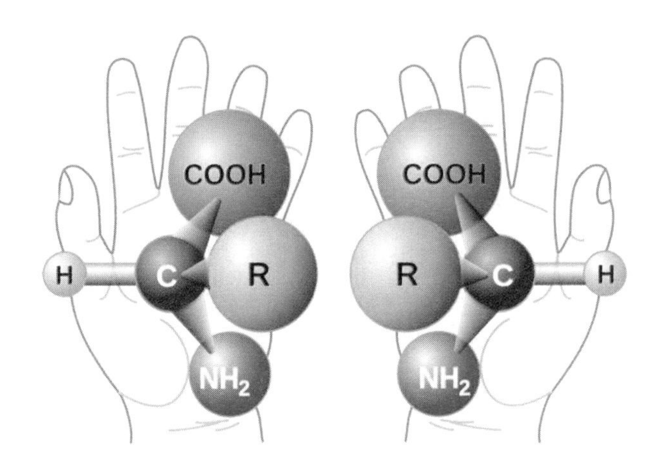

碳元素在组成有机分子的时候，往往会形成两种分子结构，这两种分子结构非常奇妙，它们拥有完全一样的物理性质，完全一样的化学性质。当把它们放在炽热的火焰上烘烤的时候，它们的沸点也是一样的，如果把它们放到水里的话，可以发现，它们的溶解度也一样，如果再用光学的方法来检验，就会发现，就连它们的光谱也是一样的。几乎所有的物理化学方法都无法把它们区分开来。所以我们基本可以认为，它们就是同一种物质。

要说它们是同一种物质，那又十分不妥，因为从分子的组成形状来看，它们依然是两种分子，它们的分子排列方式不一样。就像镜子里和镜子外的物体那样，看上去互为对映。就像是我们的左右手一样，不管怎么掉转角度，它们是不可能实现真正意义上的重合，所以这两种彼此对应的分子又有另外一个名字，叫手性分子。

组成生命的有机分子有对映体之分，组成生命的另一种基本单

元是氨基酸，它是一种更大一些的分子，它也有对映体的区别，也就是说，化学组成完全一样的氨基酸分子，也会存在着两种结构。已经发现的氨基酸有20多个种类，除了最简单的甘氨酸以外，其他氨基酸都有另一种手性对映体。

按理来说，有机分子和氨基酸的这种手性不会给我们带来什么危害，我们是否了解这一点似乎没有什么特别的意义，但是事实却不是这样，人类对手性分子的认识经历了一个痛苦的过程，这个痛苦的教训曾经给许多等待欢笑的家庭带来了辛酸的眼泪。

对手性分子的认识过程

有一个叫典子的日本姑娘，她没有双臂，可是她用双脚学会了写字、做饭、穿衣，而且还学会了游泳，完全做到了生活自理。她的事迹感动了许许多多的人。人们也不禁提出一个问题：她为什么没有双臂呢？原因是她的母亲服用了一种叫反应停的药物，这种药物可以减轻孕妇的早期妊娠反应。但是，它却没有经过严格的药物试验。因为化学家对分子的手性还缺乏了解。

反应停里的一种分子具有治疗作用，但是它的对映体却使用药的母亲生下了残疾的孩子。在20世纪60年代，药物里含有这两种成分是难以区分的。与典子一样来到这个世界的残疾婴儿有好几万，他们不仅给社会带来了沉重的负担，也让这些孩子遭受着世人的歧视。

正是有了20世纪60年代的这场教训，所以现在的药物在研制

宇宙中的左旋氨基酸

成功后，都要经过严格的生物活性和毒性试验，以避免其中所含的另一种手性分子对人体的危害。因为在现代传统的化学合成中，这两种分子出现的比例是相等的，对于医药公司来说，他们每生产一千克药物，还要费尽周折，把另一半分离出来。如果无法为它们找到使用价值的话，它们就只能是废物，在环境保护法规日益严厉的时代，这些工业垃圾的处理也是一笔不小的开支。

因此，医药公司急切地想寻找一种方法来解决这个问题，比如，想要左旋分子，那么它就得想办法把另一半右旋分子转化成左旋分子。现在，这个令人头痛的问题已经得到了解决。科学家用一种叫做不对称催化合成的方法解决了这一问题。这个方法广泛地适用于制药、香精以及甜味剂等化学行业，给工业生产一下子带来了巨大的好处，它也获得了2001年度的诺贝尔化学奖。得奖者是美国化学家诺尔斯、夏普莱斯和日本化学家野依良治，获奖的理由是

表彰他们在不对称催化合成研究方面的开创性工作，他们的研究很快应用到生产上，为制药、农药、香料等工业带来巨大的效益。

在研究手性分子的过程中，从不认识到认识这个问题，给工业技术带来了一次革命。

奇妙的手性分子

手性分子使用化学和物理方法都不好检验，但是手性氨基酸还是很好检验的，检验它们手性的最好方法就是：让一束偏振光通过它，使偏振光发生左旋的是左旋氨基酸，反之则是右旋氨基酸。通过这种方法的检验，人们发现了一个令人震惊的事实，那就是组成地球生命体的都是左旋氨基酸，却没有右旋氨基酸。于是惊讶的科学家很想在生物体内找到右旋氨基酸，结果是失望的，但是他们也没有彻底失望。进一步的研究表明，右旋氨基酸存在于少数动物或昆虫的特定器官内，而身体的主要部分不包含它，即使是在特定的器官里面，含量也极其微小，生物体内包含的这些微量右旋氨基酸分子往往具有奇妙的特征。

自然界中的苎烯存在于刚挤出来的橘子汁液中，它是一种香料，广泛地使用于口香糖、食品饮料和香水中，它不仅存在于橘子汁液中，它的两种手性分子在自然界中都可以找到，其中一种呈香橙气味，而另一种则呈柠檬气味。还有另一种叫做努特卡酮的香精，左旋的和右旋的两种手性分子都含有柚香，而它们的气味差别竟然有750倍。

四米唑左旋的是驱虫药，右旋的胞弟却是抗抑郁药。左旋的甲状腺素钠确为甲状腺激素，而右旋的甲状腺素钠实为一种降血脂药。

分子的这种手性区别，在昆虫中有着更加奇妙的体现，昆虫繁殖的时候，需要寻找异性，它们寻找异性的方法很奇妙，它们往往释放出来一种气味，这些气体就是具有手性的化学物质，又被称为昆虫信息素。有一种昆虫信息素，它可以吸引雄性果蝇，但它的对映体却只能吸引雌性果蝇。

在某些动物的特定器官中，这两种氨基酸还可以相互转化，左旋氨基酸可以随着生物体年龄的增长而逐渐转化成右旋氨基酸。美国科学家巴达获得了一只冷冻的北极露脊鲸，他把这个鲸鱼眼睛里面的水晶体提取出来，右旋氨基酸就存在于它的水晶体内，通过偏振光，他发现，这条鲸鱼的年龄是186岁。这是一个可靠的数据，误差不超过25年。

通过研究大量的生物，科学家基本可以肯定，地球上不存在右旋氨基酸组成的生命，右旋氨基酸只是存在于某些动物特定的身体组织内，而且数量微乎其微，它们还往往具有一种奇特的性质。

左旋氨基酸形成的原因

当科学家发现这一点的时候，他们开始有了一个疑问：为什么地球上的生命都是由左旋氨基酸组成的呢？ 造成这种情况的根本原因在哪里呢？针对这个问题，许多人都提出了不同的看法。有人

从太空中去寻找原因。他们认为，太阳系尘埃和气体在形成之初，某些化学过程导致了这一现象。还有人认为，微观世界就有许多对称现象，是某一物理规则导致了这一现象。

另外一批科学家把目光瞄向了蜗牛和海螺，蜗牛的外壳多是右旋的，左旋的很少，如果有的话，那一定是珍品，不仅蜗牛是这样，就连海螺的外壳也具有这种特征，它的外壳也是右旋的。组成它们的氨基酸是左旋的，为什么它们的外壳却是右旋的呢，这本身就是一个谜。但使科学家感兴趣的并不是外壳本身，而是它们之中所含的一种矿物，它们都含有方解石。

方解石是一种很常见的矿物，在石灰石和大理石之中，就可以找到它的身影。纯净的方解石是一种晶体结构，表面具有许多块光滑的平面，这些平面很多，看上去有些不够规则。但是从总体来说，还是可以找到规则的。每一个平面，都可以在另一侧找到它的对映体，而且形状和大小基本一致。这种神秘的特性明确地显示出，它们也存在着手性的区别，但是这种手性存在于同一块晶体中。

方解石组成的螺壳可以与氨基酸组成的生物体牢固地结合在一起，这预示着方解石和手性氨基酸之间有某种神秘的联系，从这里大概可以找到生命起源的秘密。

美国科学家做了这么一个实验，把方解石晶体浸入天门冬氨酸溶液里，左、右旋的天门冬氨酸分子各含50%，这样晶体就会吸收这些氨基酸分子。24小时后，把晶体取出洗净，然后把两面吸附的分子收集起来。一次次的实验都表明，左手表面吸收左旋氨基酸分子，右手表面吸收右旋氨基酸分子。这就证明，氨基酸的手性和方解石的手性确实有某种联系。这个实验还得出另一个结果，那就是由于某些未知的原因，左旋分子的吸收比例往往过量，要比另一面吸收的右旋氨基酸多出40%。

做这个实验的科学家认为，地球的早期，左旋氨基酸和右旋氨基酸的含量是一样的，但是，左旋的氨基酸很容易被方解石吸收，这些氨基酸就在方解石的表面进一步形成了蛋白质，这些具有自复制功能的蛋白质进一步形成了生命。于是，地球在形成生命的过程中，就是这样选择了左旋氨基酸。

但是为什么方解石特别喜欢吸收左旋分子，却找不到具体原因。要是按照这种实验结果，右旋氨基酸组成生命也并不是不可能，但是很遗憾，地球上并没有右旋氨基酸组成的生命。

寻找对映体生命

那些试图从天文学上做出解释的人认为，早期地球在随着太阳经过银河系的某一旋臂时，由于星际磁场的原因，使左旋氨基酸的形成占据了主导地位。他们认为是磁场导致了这一结果。科幻大师阿瑟·克拉克也这样认为，在他的科幻小说《技术故障》中，诉说了一个人的奇特经历：由于电厂一次意外的事故，强磁场使一个人身体里的氨基酸变成了右旋氨基酸，可是现实世界是由左旋氨基酸组成的，于是这个人就面临着饥饿的问题，因为，它的消化系统无法吸收左旋氨基酸，要想让他活命，就得花费巨资为他制造出右旋氨基酸食物，而右旋氨基酸又是我们世界的垃圾。最后，作者只好让这个人从现实世界里消失。

我们知道，人的左手和右手并无本质上的差别，它们应该有着相同的作用。但是，绝大部分人都习惯使用右手，而不习惯使用左手，尽管如此，左撇子依然存在。于是有人提出设想：在异星球上，存在着一种由右旋氨基酸组成的生命，他们是地球生命的对映体。这是一个奇妙的想法，人们试图从太空里寻找右旋氨基酸的蛛丝马迹。

星际气体云中往往包含着多种有机分子，像氨基酸这样的复杂分子虽然罕见，也是能够找到的。对于这么遥远的距离，我们只能观察它们的光谱，但左旋和右旋氨基酸的性质几乎是一样的，我们不能从那遥远的光谱中判断出它的手性，因此也就无法推断出在这一片天区，会否存在着右旋氨基酸。

但是，陨石是星际空间的产物，它们会带给我们一些宇宙深空的消息。1969年，在澳大利亚马奇逊地区降落

了一颗陨石，美国宇航局埃姆斯研究中心的科学家立刻赶往该处把它带回，通过严格的检验证明，这块陨石中含有氨基酸，而且左旋和右旋氨基酸含量几乎相等。这就证明，不管在天外还是地球，只要化学条件允许，这两种氨基酸产生出来的比例是一样的。因此，我们完全可以说，某些外星生命可能会是由右旋氨基酸组成的，它们是我们地球生命的对映体。

他们也许会有许多跟我们不一样的特性，左旋氨基酸组成的我们习惯于使用右手，右旋氨基酸组成的他们是不是习惯于使用左手呢？他们的思维是不是会采取另一种与我们相对映的方式呢？这种对映的规则又是什么呢？如果有一天人们见到了这种由右旋氨基酸组成的地外生命，那也一定会引发出很多有趣的故事。

外星生命长啥样

贫乏的想象力

在地球上，生命的种类是多种多样的，它们都有自己的生理习性。这种生理习性与它本身的生命机理和环境有关。一种生命不可能简单地存在，它往往和周围的其他生物组成一个复杂的生物群落，它们之间相互斗争又相互依存，各种生物在进化的过程中都能找到一种适合自己存在的形体和特征。

在非洲大草原，动物们把植物的叶子都吃光了，为了吃到高处的树叶，也为了更先发现敌害，长颈鹿在漫长的进化过程中，逐渐长出长长的脖子。咖啡树果实里的咖啡因长出来并不是给人食用的，那是为了杀死吃它果实的昆虫的。在植物很少的沙漠中，仙人掌为了防止其他动物的啃食，于是长出了长长的刺。

在我们这个小小的地球上，动物之间的关系是如此复杂，又是如此多样，在遥远的异星球上，不一样的温度，不一样的压力，不一样的行星引力，生命的形态可能复杂得难以想象。

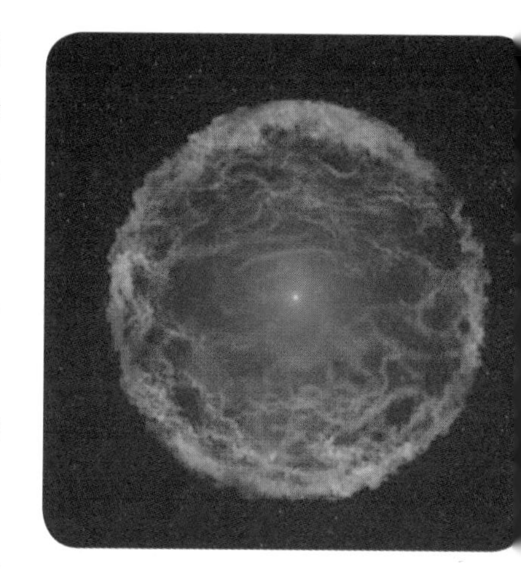

我们没有见过外星生命，对外星生命的唯一了解也仅仅局限于科幻作品。科幻作品中的外星生命可谓多不胜数，表现最为直观的当属科幻电影，它给我们带来了巨大的视觉冲击力。当我们仔细地去考察它的基本特征时，就会发现，这些所谓的外星生物实际上只是我们地球生物的简单拼凑加工，就像我们中华民族的图腾龙一样，鱼的鳞、蜥蜴的身、鹰的爪。上帝长得啥模样，我们不知道，但据说上帝用自己的模样造出了人，于是我们就认为，上帝和我们人类长得一样。用上帝的模样造人，也就成了科幻电影中制造外星生命的宗旨。好莱坞这个外星生物加工厂里就有许多专吃这碗饭的工人，他们抱着这一宗旨创造出了数不胜数的外星生命，斯皮尔伯格这个还算不错的工人就用爱因斯坦的鼻子又配上了什么人的额头就造出了个外星人 E.T.。即使在颇能打动人的电影《人虫大战》中，那些外星昆虫也跟我们地球上的蚂蚁和螃蟹差不多。弄出一些能吓唬人的异星生物是他们的另一个宗旨。

五官有用吗

让我们研究一下高等动物是如何感受外界环境的，我们就会发现那些直观的想象对外星生物的描述是多么荒唐可笑。根据简单的

物理知识，我们知道，这个世界除了实实在在的物质外，还有另一类物质，那就是波。波的家族在这个宇宙中是无处不在的，空间中存在着各种波，有超声波、次声波、微波、电磁波，还有放射性元素产生的各种射线等。

振动引起的声波就是声音，声音可以在空气中传播，接收声音的器官就是耳朵。倘若在那个异星球上，由于某种特别的原因，不利于声音传播，那么动物们要耳朵也就没有用了。这个星球上的动物就不能感知声音，它们就都是聋子。这似乎是十分可笑的，但是，如果它们也会思考的话，那么它们也会认为我们十分可怜，因为我们没有感觉低频波的器官，而它们却能感觉到低频波。它们是用发出低频波来交流思想的，从科学的角度来看，我们还说不出哪种方法更好。

光子具有波粒二象性，用正规的说法不该说我们看到了什么东西，而应该说它反射的光子进入了我们的眼睛。眼睛就是接收光波的器官，也许某个星球上的动物没长眼睛，但是它依然可以成为高等动物，因为它的其他器官比较发达，比如它可以感知其他生物发出的某种波段的波，也能感知红外线，只要温度不低于绝对零度，红外线是无处不在的，强度也各不一样，这样就可以弥补没有眼睛的不足。而且它也比我们人类高明了许多，因为我们看到的可见光只是波家族中很小的一个频段。

这种情况在我们地球上就可以找到旁证，生活在海洋中的水母是没有眼睛的，但是它却可以感觉次声波的存在。蝙蝠虽然有眼睛，但却用处不大，它在飞翔时靠从口中发出的超声波来发现前方的障碍。有一种细菌，它可以利用自身的磁性感觉到它所处的方向。实际上，我们所发明的许多仪器都是向这些具有特异功能的生物学习的结果。

当然有些人会反对这种观点，他们会说，这不是高等动物，只有我们人类才能称为高等动物，人对事物的认识是通过五官来实现的，我们可以通过眼观、耳听、手摸、鼻闻、嘴尝来详细地感知客观世界，认识它们的不同性质。也只有我们了解了物质的不同特性，才能从事科学研究。但是，我们并不能因此就自认为高明，我们人类存在了上百万年，在掌握科学技术以前，根本就不知道波的存在，这不能不说是我们感官的一大缺陷，是我们感官的严重不足之处。因此，没有眼睛和耳朵的外星人虽然不能感觉光波和声波，而能用自己特有的器官随处感觉电磁波或红外线，那也应当是一件幸事。对他们来说，他们需要发明探测光波的设备来代替眼睛，发明探测声波的设备来代替耳朵，弥补自己感官的不足。

人的嘴不仅能吃东西，还能讲话，交流思想。吃东西是为了补充身体对生物能的需要，但是，外星生物却未必要通过这种原始的方式摄入能量。它们可以通过皮肤或其他特别的器官，从星光或地热资源中摄取能量转化成生物能，如果是这样的话，它们就不需要嘴了。至于同类间交流信息，使用的可能是思维波或心灵感应的方式来进行，这种器官一定是非常复杂的，复杂得叫我们难以想象。

实际上，我们的大脑也是非常复杂的器官，它可以抽象出意识这种独特的东西。外星生物可以有大脑和接收信息波的这两种复杂的器官。

人的鼻子可以辅助喘息，它还有另一个作用就是闻气味。气味是由弥漫在空气中的分子造成的，我们可以感觉到它，却不知道它的具体分子结构。也许外星生物可以感知空气的分子结构，这可能是一种特别的器官。如果它的皮肤就可以完成呼吸的话，鼻子也就没有用了。

五体有用吗

肩膀上扛着头，是人的基本特征，五官得到的信息反馈到大脑经过处理来决定行动，如果没有五官，那么头也就没有用了，像大脑这样的中央处理器也可以装在肚子里。

人的身体分为身躯、四肢和头，人可以两腿站立，两手拿东西，这也是人优于其他动物的地方。人之所以能这样做，与地球的重力不无关系，倘若地球的重力很大，那么人就不能这样站立行走，重力将会把骨骼压碎。在遥远的异星球上，如果引力非常大的话，那么就不会有直立行走的动物，如果有的话，个头也会非常小，这样才能保证它的骨骼能支持自己的体重。如果它的骨骼足够坚硬的话，当然也能成为高个。

人的双手各有五个手指头，长短不一，它们可以相互搭配，非常灵巧地做出各种动作，蒙上眼睛，用手摸还可以感知物体的大小、形状，它是人的主要感觉器官。如果外星人长有手的话，他们不一定非要长有五根手指头，六根和四根都可以，他的灵活性和对物体的感知能力也不会比我们差。另一个问题是，他们有没有必要非要长有手。如果他们不需要用手抓取食物的话，手对他们来说，也就没有多大意义。

任何一种动物都长有双腿，它不仅可以走路，也是一种进攻的武器。没有腿的动物是不能移动的。它不能去猎食其他动物，也不能去改造客观世界，它当然不能算是高等动物，但是，如果环境可以改变的话，它也能获得食物。从地球上看，有些生物本身是不会走路的，它依靠宿主的行动来为自己寻找食物。它是不是高等动物还在于它与宿主的关系。如果它的头脑发达，可以支配宿主的话，它就是高等动物。

外星生命长啥样

我们可以想象有一种外星生物，它没有手，没有脚，也没有五官，它长得就像一个皮球，有着乌龟那样的坚硬外壳，行动起来就是滚蛋。停下来时，外壳中出现裂纹，裂纹中伸出几个触角，这些触角可以分别感受温度、空气分子结构、电磁波和红外线，也可以吸收星光为自己补充能量。没有敌害能威胁它的安全，当然，它也不是高等动物，因为这种体型使它不能去改造客观世界。

我们有一流的科学家，却没有一流的科幻作家，科幻作家不去关注科学的发展，那么这种作品就丢掉了科学的本身，而只会任意发挥，成了短命的作品。贫乏的想象力制造出一大堆四不像的外星生物，与科学一同发展的想象力怎么可能有尽头呢？

我们无法说清地球文明的出现是偶然还是必然，但文明的出现完全是由人的特别体型和大脑决定的。具有科学文明的外星人需要具有什么样的体型和特征，这也和他们所处的环境有关。但可以肯定地说，他们一定会有聪明的思维器官。

外星生命不会只能生活在地球这样的行星上，客观条件决定了它们的生命机理，生命机理决定了它们的模样。探讨它长成啥模样，实在是一个复杂的问题，即使我们知道了它所处的行星环境，推测出的结果也会和实际情况相差万里，四肢和五官这套标准不适合去衡量它们，我们等待看到它那一刻的来临。

06 用光学方法寻找外星文明

美国普林斯顿大学有一个业余天文兴趣组织，每当夜幕来临的时候，他们的望远镜就指向天空。但是，他们并不是观测某个天体，而是在寻找外星人发来的信号。他们认为，对于一个文明程度较高的星球来说，他们应该会认识到，可见光通信会比无线电通信具有更多的优点。

当无线电技术出现后，人们就迫不及待地将它应用于寻找外星文明，许多巨大的射电望远镜组成的阵列对准了天空，人们希望能在茫茫的宇宙中找到知己。那时的人们以为，如果有外星文明的话，他们也会掌握电子技术，并用这种方法试图与我们联系。40年过去了，这项工作毫无进展。

用无线电有着很多的缺点，首先，它的波长实在太宽，我们不知道外星文明会使用什么频率与我们联系，如果波段不同，就无法接收到他们的信号。就如同使用收音机，必须要调谐到一定的频率才能接收到某个电台的节目。另一个原因是还有很多恒星也会产生出微弱的无线电，它们对接收装置构成了干扰。更致命的问题是，外星人是否会使用无线电通信，他们也可能会用

其他方式来通信，比如红外线、可见光、紫外线，还有X射线和γ射线。但是，这些波段也会受到来自天体的干扰。

理智的外星人会很清楚地意识到这些问题，所以他们可能会使用可见光来与我们联系。如果单纯地用可见光，也存在一个重要的问题：当你向遥远的星空发射一束可见光，距离很远的地方的人们一定很难发现它，因为宇宙空间处处充满了耀眼的恒星，它们的光芒要比这束信号强烈得多。但是，倘若这束光具有某种特征，比如具有一定的脉动性，那么理智的外星生命就可以把它与那些恒星的光芒区分开来，这种脉动的光就是激光。

GJ1214行星想象图

实际上，早在搜寻地外文明开始的第二年，激光的发明者查里斯·唐纳就提出了这一设想，那个时刻，科学家对激光这玩意还十分陌生。他们并不知道激光能为人们做什么，因而这一观点无人喝彩。1997年，当他在一次搜寻地外文明的会议上再次提出这个设想的时候，无线电派动摇了，他们开始考虑用可见光通信的可能性。

使他们这种观点发生动摇的最根本原因是激光技术的发展。20世纪90年代末，科学家可以用10兆瓦的能量制造出频率为1万亿分之一秒的激光，在这种技术的基础上，人们可以制造出比太阳还亮5000倍的激光。这足可以应付星际通信的需要了。因此，完全可以相信，比我们先进的外星文明是用激光来通信的。

当然目前我们还没有用这样的激光向外星人发出信号，但是我们可以用这种方法接收外星人的信号，这种接收装置制造起来并不麻烦，那些大型光学望远镜就可以具有这种能力，它们具有光学干涉能力，可以对一系列光波进行检测，当然也可以检测波长极短的激光。当望远镜检测到一束脉冲激光的时候，那就该引起人们足够的兴趣了。那很可能是外星生命发来的信号。

利用可见光寻找外星文明这项工作还刚刚开始，真正从事这项工作的目前只是一些业余天文学家，美国普林斯顿大学的几位化学和物理学教授就是领头人。虽然经费也是来自于社会的捐助，但是他们都愿意无偿地为这项有意义的工作奉献自己的力量。他们都对这项工作的前景充满信心。

给外星人发“光报”

美国微软的两位技术主管向寻找外星智慧研究所捐赠了2000万美元，建立了一个名为“艾伦电子望远镜集群”的系统，目的是为了寻找外星人，并搜集外星人之间的通信信号。

具体方案是在1平方千米的范围内建立500~1000个巨大的碟形天线系统来探测收集外星人的信号，并把这些天线与目前最先进的计算机相连接，以便对信号进行分析。这1平方千米的范围将是“无线电静止区域”，人们不允许在这里使用移动电话、电视、广播以及其他无线装置，因为它们发出的信号可能影响对外星信号的探测。“艾伦电子望远镜集群”位于圣弗兰西斯克北部400千米，距加利福尼亚大学哈特克里克天文台3千米，计划于2015年完成。新的电子天文望远镜可在一年365天不间断地运作，这个系统能探测到外星人的电视、广播以及无线电发射信号，有效范围将覆盖1000光年远的星球。

其实，利用无线电寻找外星人的系统并不稀奇，早在1960年，奥茨马计划就已经开始，它可以在100光年的范围内搜索。美国“寻找外星智慧研究所”也于1995年开始“凤凰计划”。这些射电望远镜直径为40~300米不等，是世界上最大最先进的电子望远镜。

从遥远的宇宙中找到人类的兄弟，该是一项多么激动人心的事情，人们对这项工作充满了热情。但是遗憾的是，无线电搜寻工作已经进行了40年，直到现在，射电望远镜也没能带给我们任何有价值的信号。

虽然没有找到外星人的踪迹，但这不能说明没有外星人，关键是这种方法是否正确。外星人是否会选择无线电来与我们联系？他们之间是如何沟通信息的？

如何与外星人沟通信息

我们人类说出的话可以使空气振动，因而产生声音，声音又通过空气传播到对方的耳朵里。但是，某些动物却以另外的方式来交流信息，比如，有些昆虫用化学信息素，也就是气味来交流信息，水母可以探测到次声波，蝙蝠可以探测到超声波。这样就给我们提出一个问题：外星人可能跟我们的生命形式不一样，他们是用什么来交流信息的呢？也许他们不是用声音，比如用次声波，或者用超声波。

不论是人类还是外星生命，使用自然的方式都没有办法把信息进行远距离传输，这就需要他们用科学上的创造来弥补自己感官的不足。为此，地球人类发明了无线电通信设施，这些设施包括电话机、电报收发机、传真机以及网络，它们工作的基本原理都源于电子的发现。

但是，我们必须认识到，电磁波是一个很大的家族，这个家族的成员有红外线、紫外线、X 射线和伽马射线等。每一种波谱都可以向外界传递信号，比如，利用红外线原理，人们建造了红外望远镜，可以从红外波段获得遥远天体的信息；利用 X 射线，人们可以得知人体内的情况；紫外线也可以告诉我们天体的信息。考察了这些波谱的特性以后可以认为，外星人使用这些方式通信的可能性

极小，这些波段基本不适合智慧生命传递信息的需要，在远距离传输这个问题上，最好的方式还是使用电磁波，这就是人类热衷于用无线电寻找外星人的原因。

但是必须意识到，单单是无线电，它的频段也是很宽的，人们还需要研究外星人使用的是什么频段，如果接收装置采用的波段不同，就无法接收到他们的信号。就如同使用收音机，必须要调谐到一定的频率才能接收到某个电台的节目。外星人所选择的频率与我们通信的频率一定会有些差别，人们认为，他们很可能是采用氢元素的21厘米谱线来进行星际通信的。

氢的21厘米谱线，是由星际间氢元素的中性分子产生的。它们可以穿越星际尘埃，不会被星际物质吸收，所以智能的外星人可能会选择这个频率来进行星际通信。无线电派建造起来的射电望远镜群，永远不停地指向太空，它们的主要工作就是在这个频段接收外星人的信号。

用光寻找外星人

早在使用无线电寻找外星人不久，就有人提出了另外一种设想。激光的发明者提出，可以用光学的方法来寻找外星人，但是无线电派反驳说："宇宙中到处充满了发光的天体，这些星体会严重干扰光学方法。"试想，你朝着星空发射一束光，外星人根本就不会注意到它，另一个问题是，这束光很可能会在漫长的星际旅行中消耗掉。

其实，星际干扰和损耗这两个问题在无线电的使用中也同样存在，要想使用一束光达到这个目的也同样不行，但是，在光的基础上，人们研制了激光，激光就不在意星际干扰和损耗这两个问题。因为它的能量是极高的，而且具有很好的方向性，这样基本就不存在损耗。最为重要的是，激光是脉冲信号，有别于其他天体发出的光。

在提出用光通信的时候，激光的功率还很低，要想实现星际通信还不大可能。但是现在，激光技术获得了很大的发展，20世纪90年代，人们已经可以用10兆瓦的能量制造出频率为一万亿分之一秒的激光。在这种技术下，人们可以制造出能量高度集中的激光，它要比太阳还要亮5000倍，这已经完全可以满足星际通信的需要了。所以如果有比我们更高级的外星文明，他们可能会采用激光来通信。这一点丝毫也不用感到奇怪，因为早在电话发明之前，电话之父贝尔已经考虑了用光子通信的可能性，可惜那个时代对光子的理解还是很少的，所以他没有成功。

从原理上来说，光子和电子具有某些相似性，最主要的是它们可以相互转化，半导体技术就是建立在这个基础上的，以电子为基础的科技发展到了很高的阶段，而有关光子的研究在近二十年也获得了突飞猛进的发展，利用光缆通信已经实现。

可以预计的是，光通信一定会在未来的星际通信中发挥重要作用，地球上用电报发送信息，星际中用“光报”发送信息。

向外星人发光报

要想给外星人发“光报”，我们必须要做一项工作，那就是研究如何把一组信息融入到一束激光中去。现代科学技术距离这一步已经不远，2001年的诺贝尔物理学获奖项目就让我们看到了实现它的一缕曙光。

将一些钠原子变成一团蒸气，注入试验用的小容器内，就变成了一团钠原子云，这些钠原子云在周围磁场的约束下，可以悬浮在容器中。这里的温度接近绝对零度，这样就创造出了玻色－爱因斯坦凝聚态。这些凝聚态的物质经过其他激光的照射处理以后，再用一束波长很短的脉冲光照射这些凝聚态钠原子云，当激光的光子进入到悬浮着的原子云的时候，奇迹就出现了；光的速度变慢了，它的前端像蜗牛那样缓慢穿过这团原子云，这时的速度只有真空中光速的二千万分之一，比一辆汽车的速度还慢。

这并不是我们所需要的，我们所需要的是看看脉冲光能否在其中停留。试验是成功的，光子可以在凝聚态中停留，更奇妙的是，还可以使这束光分成几段，就如同用一把刀把棍子剁成几节一样，它们都停留在这样的钠原子云中。

用玻色－爱因斯坦凝聚态把光冻结，是一项了不起的成就，就如同人们操纵电子一样，实现了光子的捕获、存储和释放，于是我们就可以把一些特定的信息加入到一束脉冲激光中去，实现光通信。这样我们就可以向外星人发光报，当外星人从星空中接收到一束脉冲激光的时候，他们就会格外注意，如果他们发现这束激光有些不同寻常，含有一组信号的时候，他们也就知道了我们的存在。

如何与外星人交流

星际间的居民接收到这样的信息，也许并不难，难的是如何实现语言的交流，这就要有一种大家都能明白的星际语言。

在我们地球上，两个从来没有接触过的民族语言是不通的，他们可以拿出一些实物并发音来相互学习对方的词汇，进而弄懂对方的语言。但是，在星际交流中，双方不能面对面，要想弄懂对方的一些基本词汇是一件很不容易的事情。

一些来自世界各地的科学家、天文学家、画家、音乐家曾经在巴黎举行过一个研讨会，研讨的内容就是如果见到了外星人，我们如何与他们聊天，我们应该跟它们聊什么？这是一个由各行业精英

参加的会议，会议的主持人是美国搜寻地外文明协会负责人，讨论的话题涉及科学的各个方面，更涉及哲学，他们试图研究星际语言。

一名画家建议，每一种色彩都有一定的波长，把这些色彩波长转化成数学公式。但这也有缺点，试想，如果外星人是色盲，他们很难理解各种颜色是什么意思，当然更不可能理解由此产生的数学公式。还有人建议，用音乐作为辅助手段，帮助外星人理解我们的意思。这也依然没有实际意义，试想，如果外星人不需要声音来交流，他们也当然不懂音乐。还有人谈到了代数通信法和模拟人类生理反应的计算机系统。这似乎有了一些普遍意义。

其实，早在20世纪70年代初，为了与外星人建立联系，人们就使用了一些最原始的方法。1972年3月2日，先驱者10号探测器离开了地球，它在探测太阳系的同时，还肩负着另一项重要使命，那就是寻找外星文明。它带有一张光盘，里面录制了地球上各民族的经典音乐，还有用他们的语言对外星人的问候，这就是地球人的名片，这张光盘还收录了地球上的山川风光。必须明确的是，倘若外星人无法演播这张光盘，那它也就没有用处。在先驱者上，还绘制了一对地球男女的裸体画像，也标明了地球所在的天文位置。这应该是人类试图与外星人交流的最早实践活动。但是我们必须清楚地意识到，外星生命的形式将会是多种多样的，我们不理解他们的生命形式，就不可能找到好的交流方法。

从微观世界建造星际语言

外星人跟我们初次接触，一定不会谈些锅碗瓢盆之类的无聊话题，他们要跟我们谈论的将是宇宙的有关话题。所以要想创造出所有科技文明都能明白的星际语言，我们还得从宇宙的最根本特色入手。

有关微观世界的知识告诉我们，组成物质的最小颗粒是原子，原子组成了各种化学元素，自然界中有92种元素，连同人工的元素加起来，有118种。原子又是由更微小的粒子组成的，为了研究的方便，人们把它们分成三种“基本”粒子，分别叫做中子、质子、电子。有关量子理论告诉我们，空间中还有比它们更小的粒子，有十几种轻子、几十种介子、几十种重子和超子，以及它们的

多种共振态。这些物质充斥在宇宙的所有角落里，一种有文明的生命必然会认识到自然界的这些基本粒子以及它们的特性。

这些粒子的数量足够多了，用它们作为建造星际语言的基本词汇，应该是最合适不过的了，用它们创造出来的语言词汇也定可以在星际文明中具有广泛的通用意义。当然，在交流的过程中，度量单位的使用是至关重要的，你跟他谈一米、谈一焦耳、谈一千克，他们不可能知道这样的度量单位的实际意义，我们还得从微观世界入手。

有科学家提出以核子为基础，制定长度、时间和质量的计量单位，这样的单位被称为自然单位。以一个核子的大小为度量长度的单位，称为1费米，也就相当于1×10^{-15}米，在这样的尺度内，基本可以看到组成中子和质子的夸克。以光在一个核子大小的空间中传播的时间为时间单位，这个单位称为吉菲，1吉菲也就是1×10^{-23}秒，如果用这样的度量单位向外星人介绍我们的话，就可以告诉他说：人的质量为10^{29}核子，高10^{15}费米，寿命10^{32}吉菲；地球的质量为10^{52}核子，太阳的质量为10^{57}核子，银河系的质量为10^{68}核子，可观测宇宙的质量为10^{80}核子，宇宙的大小为10^{40}费米，宇宙的年龄为10^{40}吉菲。

除此之外，还有一些基本常数，比如光速、普朗克常数、万有引力常数、基本电荷电量、电子的质量、质子的质量以及弱相互作用力和强相互作用力，它们都可以与化学元素一同组成星际语言的基本词汇，最可贵的是，这些简单的词汇也可以代表我们的科技水平。聪明的外星人看到这些单词，很快就会一通百通。

现在有了这些基本度量单位，还有化学元素和基本常数作为星际语言的单词，离建立星际语言还差一步，那就是怎样来建立一套语法关系，将这些基本词汇串联在一起，来表达我们的思想意识。

这一点又使人想起了计算机，计算机与人之间是通过数学语言来交流的，这些数学语言其实就是电脑程序，它可以告诉电脑该干什么。虽然电脑只是一个工具，它不像智慧生命那样能够创造产生出自己的语言词汇，也没有连接这些词汇的语法关系。但是，电脑给了我们另一个启示，那就是它可以作为二者语言交流的翻译。因为智慧的外星人一定懂得数学，建立在数学基础上的计算机语言应该是一种中介语言。在建立星际语言的语法关系时，它会给我们很多有益的启示。

建造这种星际语言时，另一个值得高度重视的问题是：那些微观粒子的各种共振态也许本身就可以表现为语法关系的介词结构，那些基本常数则可以用于星际语言的所有格。

星际“光报”的接收系统

当然，我们目前还没有方法创造出这样一套星际语言系统，但是，比我们高明的外星人可能早就考虑了这个问题，或许他们已经创造出这样的语言系统，正在向我们发射激光脉冲信号，所以我们还要考虑接收系统。

按照常规的想法，建造这样可以与外星人联络的激光通信系统一定很复杂，我们目前的科技水平完全达不到这样的标准。其实一点也不复杂，我们现代的大型天文望远镜已经具备了这样的功能。自从望远镜制造出来以后，它的口径就朝着越来越大的方向发展，最大的望远镜口径已经可以达到10米，最重要的是，它们都不是单台工作，而是由多台望远镜组成阵列，成为一个系统，联合工作。

之所以这样做，完全是因为光的特性。我们知道，光子具有波动性，利用不同的设施来接收它，就会发现，它能产生干涉作用，也就是光波的相位变化，也正是这种干涉作用，可以告诉我们许多来自光的信息。

相距很近的两台望远镜接收同一束光信号，就会观察到干涉现象，这样就可以检验一束光的各种特性，包括最主要的脉冲现象。这也是激光接收装置必须具备的功能。所以现代大型望远镜已经具备了这种接收功能。在这种思路的指导下，人们已经开始了寻找外星人的工作，美国普林斯顿大学有一个业余天文兴趣组织，每当夜幕来临的时候，他们的望远镜就指向天空。其实，他们并不是观测某个天体，他们是在寻找外星人发来的信号。真正从事这项工作的目前还只是一些业余天文学家，美国普林斯顿大学的几位化学和物理学教授就是领头人。虽然经费是来自于社会的捐助，但是他们都愿意无偿地为这项有意义的工作奉献自己的力量。与当年无线电派的大张旗鼓不一样，这项工作的开展只是静悄悄的，它还没有引起人们充分的注意。但无疑，这是一个新的方法。

现在，那些希望发现太阳系以外行星的科学家也在有意无意地做着这样的事情。那些类似太阳的恒星具有行星，外星人可能会生活在那里。望远镜对准这样的恒星，让接收到的光波进入到探测器。从而检验光波的变化，这样可以发现它是否有行星。

在这个过程中，当我们的科学家发现一束脉冲光波的时候，就会仔细地观察这个脉冲信号的波峰和波谷，如果这个信号很有规律的时候，它可能是脉冲星，当它看起来毫无规律的时候，天文学家就要考虑，这是不是一组很有含义的信号。它可能是外星人在寻找他们的知音。如果确实是这样的话，我们就该不胜欣喜。

对面的两个人可以聊天，相距比较远的人可以上网聊天，要想与那些距离我们几百甚至上千光年远的外星人交流，看来，我们只能向十几年前发电报那样，发这种“光报”了。“光报”里面不仅包含着我们值得骄傲的科

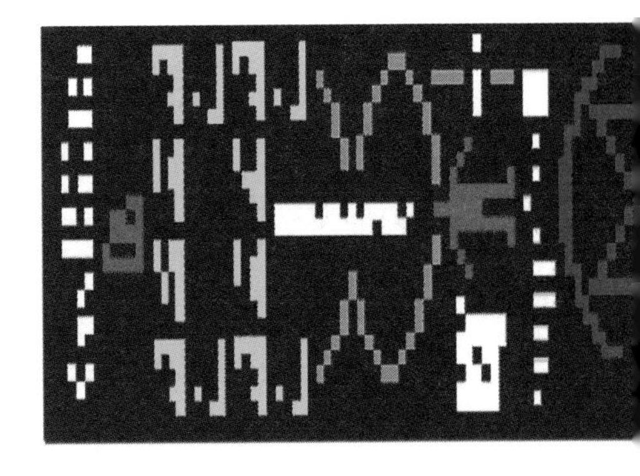

技水平，也包含着我们对宇宙兄弟的祝福，当然，更多的包含的是我们对星际友谊的渴望。

那些以化学元素与核子为词汇建造起来的星际语言，一定会使他们明白其中的含义。目前从事光学搜索的只是普林斯顿大学的一些业余爱好者，他们还没有精良的设备，等到顽固的无线电派们醒悟，也投身到这个行列的时候，也许我们与外星人联系就会更早实现。

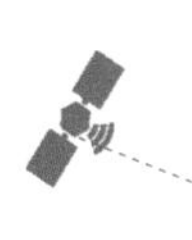

宇宙精英认为，地球人是蠢驴

宇宙精英的价值观念

1945年7月16日，在美国新墨西哥州的阿拉莫可德沙漠中，一团蘑菇云升起来，这就是世界上第一颗原子弹的爆炸试验。原子弹爆炸，是人类对物质世界认识的一次飞跃，它表明，客观世界的能量到处都是，我们可以随意地从周围得到巨大的能量。一个星球的文明如果能达到这种地步，那毫无疑问，这个星球可以列入宇宙精英的行列，如果宇宙中有这么一个宇宙精英组织的话，他们是不是也会这样认为呢？俄国作家亚历山大·贝列日诺依在一篇名字叫做《宇宙精英名录》的科幻小说中给我们提供了这个答案。

在银河系有一个宇宙精英组织，专门整理各个星球文明程度的资料，一天，信使来报告说，发现地球人具有了核技术，于是主管这项事物的提恩就把地球也列入宇宙精英的行列，并且认为，地球人很快就会来这里报到了。但是，信使却告诉他，地球人不可能来这里报到，因为他们还没有掌握航天技术。提恩大惑不解地问道："那么地球人是在哪里作的核试验呢？"信使告诉他，地球人是在地球上作的核试验，提恩无论如何也接受不了这种方式，他说："在自己的星球上作核试验？这群蠢驴。"提恩在对地球人作出蠢驴这个评价的同时，也把刚刚写在宇宙精英名录里面的地球删除掉了。

宇宙精英对我们地球文明就是这样评价的，这样的评价无论如何也会让我们感到吃惊，在他们的认识中，明显地包含着一个潜在的规则，那就是一个文明星球，应该首先发展航天技术，拥有了航天技术，才能去作核试验，把核设备带到外星球上去作核试验。很不幸的是，在我们地球上，核技术和航天技术出现的顺序跟他们的认识正好相反，1945年出现的核技术，航天技术则是16年之后才出现的。

落后的航天技术

1961年4月12日，世界上第一艘载人宇宙飞船“东方”号在苏联发射升空，尽管它只是环绕地球一圈，飞行了一个半小时，但这是一次成功的飞行，它标志着地球人从此拥有了航天技术。

虽然仅仅过了七八年，人类就实现了登月的壮举，发展的速度够快的了，但是登月的飞船在宇宙精英的眼里，一定也是那么可笑。登月所使用的能源是化学燃料，由于能耗很低，携带的数量是很多的，如果把载人的阿波罗飞船和火箭看作是一个酒瓶子的话，那么它的有效载荷也就是阿波罗飞船，仅仅相当于酒瓶盖，所以尽管行为是一次壮举，能量利用方式却是可笑的。在2015年，人类即将再次登上月球，但是，依照现在的发展情况来

看，第二次登月使用的依然是化学燃料，比上次好一点的是，我们将会有多种化学燃料可供选择。这依然改变不了可怜的现状，我们远远不可能跑到遥远的太空，不能加入宇宙精英俱乐部。

当航天飞机出现的时候，我们地球人感到了极大的开心，因为我们的航天技术获得一次飞跃发展，但是，今日的航天飞机也依然使用着落后的燃料。每一次航天飞机上天，都是一件值得关注的事情，但是至今还有人说不知道航天飞机为什么不像是飞机，因为发射的时候，航天飞机看上去很复杂，它所携带的燃料箱比航天飞机本身还大，之所以要携带那么多的液体燃料，还是因为我们的航天技术太落后。

不管是现在，还是在未来的几十年，我们的航天技术依然要使用这种化学燃料，不可能有太大的进步，低效率的燃料成为阻碍航天技术发展最关键的因素。

文明发展的偏差

航天技术在核技术之后才发展起来，这是一个文明发展步伐的不合理，之所以如此，是因为战争的需要，我们的核技术是为了满足民族利益的需要，打击敌人才产生出来的。

1945年8月，就在第一次核试验仅仅过后几个月，两颗原子弹落到了日本人的头上，这就是我们研究核技术的根本目的——战争。战争之后，又过了几十年，尽管国际上制定了各种各样的条约，制约研究核武器，但是，有关核武器的试验还是没有停止，实际上，我们的所有技术都是为战争服务的。

幸好，我们的核技术并没有只是对付敌人，我们的核技术也在朝着民用方向发展。今天，核技术已经发展得十分完善，为民服务的核电站一代一代地发展起来，技术不断进步，但是，我们唯独没有把它装备到航天器上。我们的航天器依然是那么落后，不具有远行的能力，在宇宙文明大家族中，我们只相当于一个蹒跚学步的儿童，一个宇宙文明的幼儿阶段，这注定，我们不可能到外星球上去作核试验，我们作的每一次核试验都是在地球上完成的，我们需要自己承担核试验造成的污染。

从这一点上来说，我们的文明实在是太落后了，但是，从另外的方面来考察的话，就会发现，我们的文明水准确实不低。今天，我们了解量子世界的很多秘密，还提出了宇宙大爆炸论、弦理论，我们的望远镜看到了宇宙的第一缕曙光，我们还描绘了地球人的基因图谱。拥有这样水准的文明却在自己的星球上作核试验，自己承担核试验带来的放射性污染，这就是他们无法理解的。他们无法理解一个掌握了核技术的文明星球为什么不用这种技术去征服宇宙，去搞太空探索，要知道，征服宇宙，是衡量一个星球文明的重要指标。而地球人恰恰没有去这样做，这是我们文明发展过程中的一个偏差。

这个偏差也给人文学者更多的思考，后来又有一个科幻作家给《宇宙精英名录》写出来一个续篇：主管宇宙精英名录的提恩发现，地球人的核技术又有了新的发展，但与此同时，地球人也整体灭亡了。这让他们感到十分奇怪，他们不得不派出使者来地球上看看，结果发现，地球上的所有生物都死亡了，但是所有的文明设施却都保持完好，毫无疑问，这是使用中子弹产生的结果，地球人的核武器已经发展到中子弹的水准。宇宙精英们更加糊涂了，一个文明发展到这种地步，他们为什么却愚蠢地相互屠杀，导致整个星球的灭亡呢?

我们的文明就是那么奇怪，直到整体灭亡，都没有能够飞到遥远的太空去，加入宇宙精英俱乐部。

太空核技术遇到阻碍

并不是核技术没有利用到航天领域，而是我们当前的使用方法非常保守，目前仅仅使用了一些核电池，从阿波罗登月飞船就开始使用了，如今，核电池不仅广泛地使用在飞船上，而且还广泛地使用在人造卫星上面。但是，这种电池核技术的含量很低，它的功率也极其有限，最关键的是，它们仅仅是一种辅助能源，还不能在太空探索中发挥较大的作用。

其实我们也想用真正的核技术武装我们的飞船，让我们的飞船具有远航的能力，但是，这种想法遇到了阻碍。

就在飞往冥王星的新视野探测器将要启程的前夕，在它的发射地美国卡拉维尔角，三十多名环保人士举行示威，抗议新视野携带核能飞往冥王星。探测太阳系，近处可以使用太阳能，但是冥王星在太阳系的边疆，这么远必须要使用一种新的能量，那就是核能，为此，探测冥王星的新视野携带了一个小型的二氧化钚核电站。它

携带有9千克钚燃料，这就是环保人士反对它的理由。

其实类似的事情之前就已经发生过。1997年，探测土星的卡西尼探测器就要启程了，它也携带了相同的核燃料，也是在这个发射场，也是环保人士，集会反对使用核燃料。

环保人士历来是受人尊敬的，他们扮演着维护生态安全的角色，扮演着维护世界科技和文明次序的角色。尽管他们一再反对，我们还是作了无数次的核试验，需要注意的是，这些核试验全都是在地球上作的。当我们准备把核技术应用于航天器，飞到太空的时候，却同样遭到了他们的反对。

不仅美国的环保人士反对太空探索使用核技术，就连美国国家委员会也反对核技术应用于太空探索。2005年，他们对美国正在研究的项目“普罗米修斯计划”提出质疑。“普罗米修斯计划”是为了探测木星家族才准备的核电技术，它跟以前那些核电推进技术有着根本的区别，它才是真正的使用核技术推进的飞船。美国国家委员会认为，这样的核电站被送上太空，将会污染太空环境，最重要的是，它所发出的射线还会影响有关的天文观测。

也许正是因为这个荒唐的理由，用核技术装备起来的木星冰月亮探测飞船的发射时间被一再后推，最后宣布取消了。其实它所产生出来的能量也是十分有限的，远远不够驱动飞船完成真正的星际远航，它距离宇宙精英的目标还太远。

我们啥时候不再是蠢驴

其实我们也认识到，是否具有星际远航的能力，将会是考察一个星球文明程度的重要指标，为此我们正在做着不懈的努力，我们设想过一些提高星际航行能力的方法，比如反物质飞船，异空间航行，光子火箭等。但是很遗憾，这基本上都是科幻作家头脑里的东西，距离我们实际掌握的技术相差太远。

我们还曾经设想过用太阳帆去旅行，不过直到今天我们都没有做成功，即使我们做成了这种太阳帆船飞船，在另一种文明看来，这也是小打小闹的把戏，因为它要借助太阳的能量，距离太阳稍远一些就无能为力了，所以它不具有星际远航的能力。

其实最简单的答案就摆在我们的眼前，要想让航天技术有突破性的发展，必须

要使用核技术，因为我们的核技术发展是非常完善的，它不仅早就装备了航空母舰，装备了核潜艇，还深入到我们生活的方方面面，如果它还不能装备到探测飞船上的话，那我们的文明就真的出现了问题。

问题就是因为我们不关注自己星球上的环保，我们的电灯在使用核电，我们的医院也在使用核设备检查身体，核电池装备了笔记本电脑，装备了手机，我们处处都在遭受着核放射的污染。但我们对这些似乎习以为常，视而不见。当我们准备把核技术送上无法污染我们的太空中的时候，却突然关注起太空的环保，怕核技术污染太阳系空间，这当然不是宇宙精英的思维模式。

不能把核技术送上太空，我们的航天技术就依然在原地打转，跟我们的其他科学水准相比，显得很不相称。航天技术的革命性变化在哪里？不仅是从现在，还是从未来观察这个问题，我们都可以找到最简单而有效的答案，核技术无疑是最合适的太空航行能量，航天技术的革命就是使用核技术。只有当我们的核技术装备到宇宙飞船上，飞出太阳系的时候，我们才不会被宇宙精英看作是蠢驴。

外星探测车的昨天、今天和明天

最早的外星球探测，只是发射一些探测器，这些探测器发射出去之后，往往无法控制，于是，它们只能跟需要探测的星球擦身而过，与此同时拍几张照片发回地球。后来，探测器的行为受到控制，科学家可以让它们进入到需探测的星球的轨道，它们在围绕着星球飞行的过程中，居高临下对星球表面拍摄一些照片，这种方式获得的信息十分有限。为了进一步获得更有价值的信息，科学家发明了登陆星球装置，这个装置上安装了一系列探测设备，底部有轮子，所以又叫行星车。这种星球探测车最早出现在月球探测中，之后又出现在火星探测中，而且在火星的探测中一次又一次地大显身手，被称为火星车，火星车这个名字几乎成为了它们的代名词。

最早的月球车

1970年11月17日，航天史上的第一辆月球车搭载苏联“月球”17号探测器登陆月球。这是一款无人驾驶型月球车，长2.2米，宽1.6

米，重756千克，由轮式底盘和仪器舱组成，用太阳能电池板和蓄电池联合供电，这就是“月球车1号”。它有8个轮子，直径是51厘米，通过电动机驱动和使用电磁继电器制动。

月球车

仪器舱内除了安置遥测系统和电视摄像系统以外，还装有一枚同位素热源，这样可以使之保持温度。“月球车1号”总共行驶了10540米，考察了8万平方米范围的月面，拍摄照片超过2万张，在行车线的500个点上对月壤进行了物理力学特性分析，并对25个点的月壤进行了化学分析。此外，它还收集了大量月面辐射数据。

它的寿命达到了10个月，直到它所携带的核能耗尽为止。这比原计划的90天长了许多。“月球车1号”的成功，让美国人深受鼓舞，于是，在他们的月球探测中，也出现了月球车。1971年7月26日，“阿波罗”15号飞船把美国第一辆月球车送上了月球，与“月球车1号”不同的是，这是一款有人驾驶型月球车，名字叫做“巡行者1号”。这个月球车长3米，宽1.8米，重209千克。它是一个双座四轮的自动行走装置，以电池为动力，最高时速可达16千

米。宇航员坐在里面驾驶着它在月球表面巡游，在27.9千米的旅程中，他们以车代步，爬越障碍，翻越沟壑，对山脉、峡谷和火山口进行考察，并把激动人心的彩色图像传回地面。随后，美国又有多辆月球车登陆月球。

最早的火星车

月球车的这种探测技术给未来的火星探测者们很大的启发，所以后来的火星探测也使用了这种星球探测车。1996年，俄罗斯准备发射“火星96”探测器，这个探测器十分引人注目，其原因是它携带了一个火星车，这是在火星探测历史上首次出现的火星车。火星车那宽大的轮子外侧像一个圆柱体，内侧却像一个圆锥体，这使它可以在沙地行走而不下陷。这种火星车有六个轮子，分别安装在三个轴上，每根轴上有两个轮子和一台独立的驱动发动机，各个轴之间都有平衡支架相连，这种平衡支架可以绕中轴转动，使得每对轮子都可以相对于其他轮子自由转动。

“火星96”漫游车碰到一般的石头，轮子可以自动抬起；遇到无法越过的障碍物，还会绕道而行；遇到陡峭的悬崖前轮会下滑，制动装置能够根据前轮与其他轮子的相互位置发出停车信号，然后掉转方向。火星车的工作能量来自于放射性同位素热电发电机，它不仅用来保证与地球指挥中心的无线电联系，而且还要保障有关仪器在夜间的供暖需要。

1996年11月16日夜，“火星96”探测器顺利升空，但是它的第四级助推火箭只喷射了20秒钟就停止了。2小时后，它与地面的联系中断，一切努力都不能挽回这次发射的失败，“火星96”在一片惋惜声中坠毁在澳大利亚，第一辆火星车也随着探测器一起灰飞烟灭。

第一个真正意义上的火星车却是美国人制造的，这就是美国的“索杰纳”，它被“火星探路者”带到了火星。着陆前10秒钟，飞船上面的数十个气囊一齐膨胀起来，距离地面30米时，减速火箭点火，着陆器进一步减速。这些气囊在地面弹跳十几下后，终于降落在阿瑞斯平原。气囊袋散气后，三块近似三角形的面板沿着着陆器边缘缓缓打开，此刻，对于这个火星车来说，要想走出着陆器，还是十分困难，着陆器基座边缘有斜板，“索杰纳”本来可以沿着斜板行驶到火星陆地，但是斜板被未排净气体的气囊袋挡住，致使“索杰纳”被困在着陆器上。这时，地球上的指挥中心对装置发出一系列指令，气囊袋才完全排出气体，“索杰纳”终于踏上火星表面。

“索杰纳”如同一台微波炉，质量为10千克。上层是太阳能电池板，供给所需的能量。它的主要使命是分析火星岩石和土壤的化学组成，它携带着一台α－质子－X射线光谱仪，其中含有放射性元素，可用α粒子和质子轰击目标，从而得知目标的化学元素组成。其前部有两台黑白照相机，后部有一台彩色照相机。

“索杰纳”可以把拍摄到的照片转化成电信号，但它还不能直接把这些信号传递给地球，它需要把信号传递给与它一同来到火星

表面的着陆器上，再由着陆器传回地面控制中心。它本身的各种动作也是由地球人员控制，两者之间信号传递单程有11分钟的滞后，当火星上的阿瑞斯平原转到另一面时，二者就无法通信。火星车发回地面许多珍贵照片，虽然“索杰纳”的活动范围只有500米，但是，它是第一个真正降落在火星上的火星车。

“勇气号”和“机遇号”双兄弟

在探测火星的历史上，第二次来到火星的火星车却是一对双兄弟。2004年1月3日，这一天，美国国家航空航天局的“勇气号”

“索杰纳”火星车

火星车成功登陆火星，开始了探测红色星球的征程。1月24日，“机遇号”也成功着陆这个红色的星球，它们能够铲起泥土，开凿岩石并检查样本，不断向地面控制人员发回火星岩石、土壤和大气的信息并拍摄大量图片。这两辆无人驾驶的火星车把得到的数据发回地球后，由位于加州帕萨迪纳的喷气推进实验室的科学家进行分析。

“勇气号”和“机遇号”不仅拍摄了大量火星的立体图片和彩色全景图，还发回了许多重要的科学数据，最关键的是，它们都发现了火星上曾存在液态水并支持生命存在的证据。在漫步火星的日子里，它们经受住了火星漫天沙尘的冬季，经受住了考验。火星风会不时地为两个探测器清理它们太阳能板上的尘土，谁也没想到火星风竟然为探测器的寿命帮了大忙，让它们拥有源源不断的动力。这对兄弟直到六年后还能工作，大大超越了原来计划的三个月。这是最成功的火星车，它们的成功给火星探测带来了巨大的动力。

凤凰号被冻死

2008年到达火星的凤凰号火星车有些奇怪，它不是车，它有三条腿，这也大大制约了它的行动能力，它蹲在一个地方不动，利用先进的铝钛合金机械挖掘臂等7种仪器开展各种探测，对一些岩石钻探，并把得到的岩石尘末分析研究。

凤凰号降落的地点是火星北极，白天的温度大概是零下32摄

机遇号火星车

氏度，晚间是零下80摄氏度。虽然它携带着太阳能电池板，但是因为阳光斜射，得到的能量很少，这些能量不仅要提供热量，还要提供动力。当冬季来临的时候，太阳的斜射更厉害，它就没法得到足够的热量，没有能够度过火星北极寒冷的冬季，从它落到火星上仅仅不到一个月的时间，就被冻死了。虽然名字叫做凤凰号，却也无法实现重生，科学家不能再次把它唤醒。凤凰号基本上无所作为，这是一台失败的探测车。

好奇号还在服役

2012年8月6日，好奇号火星车来到火星，这是一个使用核电池的探测车，它可以将钚–238产生的热能转化为电力。4.8千克的钚氧化物可以源源不断地转化为能量，足够使用14年，这大大拓宽了它的寿命。不仅好奇号的能量利用方式特别，它的体积也是最大的，相当于一辆小轿车的体积。它的着陆方式也很特别，它

凤凰号火星车

使用一种被称为天空起重机的设备着陆，进入火星大气层之后，随着降落伞一同下降接近火星表面，在好奇号着陆之后，天空起重机还会重新飞起来，降落在别的地方，给好奇号腾出行走的空间。

好奇号是一台实实在在的火星车，它有六个轮子，可以在火星上纵横驰骋，好奇号的心脏，由3个独立的仪器质谱仪、气相色谱仪和激光分光计构成。这些仪器负责搜寻构成生命的要素——碳化合物，它还携带着激光，能使岩石蒸发，来检测岩石具体的化学成分，当然它也能把土壤拿到自己的检验室来分析成分。在它的桅杆中部，还携带着一系列设备，可以检测火星上的气象情况。

好奇号将着陆在夏普山的脚下，因为在这山脚下，可能会找到早期河流的痕迹。它能够沿着缓坡爬上去，对沿途的火星岩石和土壤进行研究。如此精良的设备，将会让好奇号火星车成为最成功的火星车。

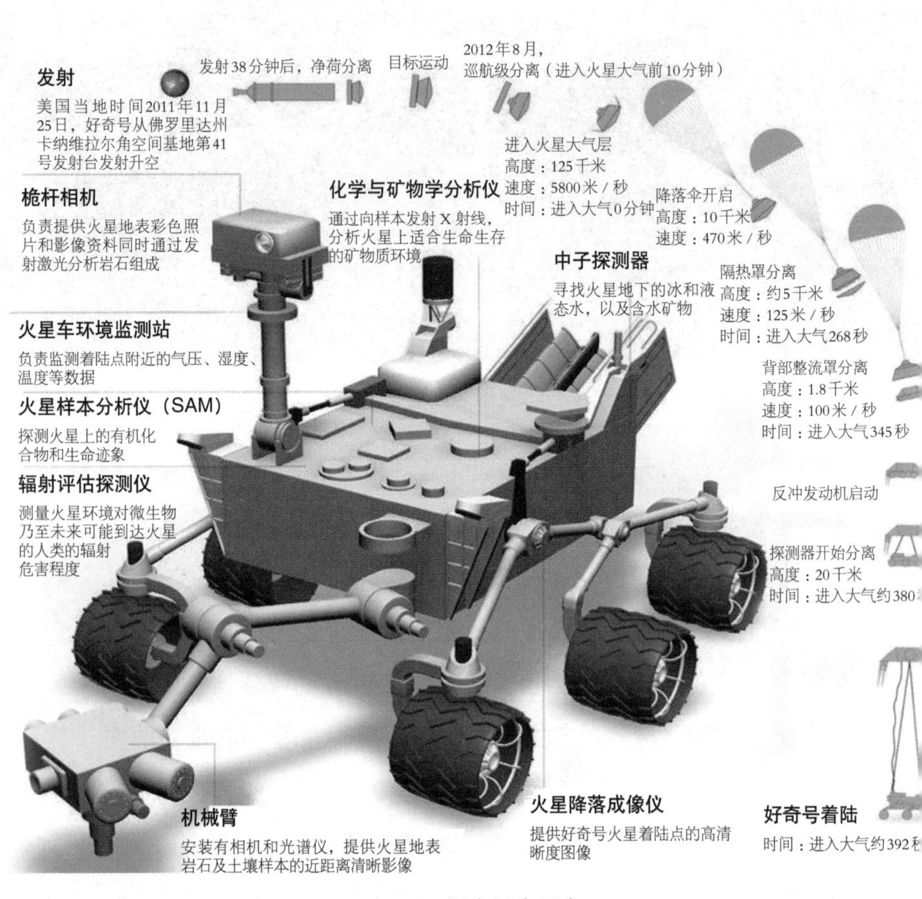

好奇号火星车

师从动物的行星车

在研制火星车的时候，人们最关心的是它对地形的适应性如何，宽大的轮子虽然可以在松软的土地上行驶，但是，在地形更加复杂的地方，它就会显得力不从心，或者摔倒，它要是不慎掉到了一个坑里，可能很久也爬不出来。那样它可能会永远也无法工作了。节肢动物的特性给了科学家很大的启发，于是，一种蝎子机器人应运而生。既然没有轮子，也就不能再称之为车了，但是，它跟一般的行星探测车起到的作用基本一致。它有八条腿，这让它可以在几乎所有的地形中行动，尤其是在一些山崖上，行星车对那样的地形是无能为力的，但是，这种蝎子就可以大显身手，它能够轻松地到达那样的区域，观察那里的地貌情况，并且获取所需的标本。它可以执行很多复杂的任务，在地球上，也可以大显身手，比如利用其进行探矿或者在碎石头堆里寻找地震的幸存者等，所以，它的应用前景非常广泛。

但是，这种灵活性必然要付出其他的代价，比如，它的体形不大，携带的电池有限，而且也不能使用太阳能光板。当电池将要耗尽的时候，它必须返回去充电。

探索火星的人们也开始关注火星的卫星火卫一，在火卫一上，有着很低的引力，到这里探索将会减少探测费用。为此，美国科学家设计了一种独特的行星车，被称为刺猬探测器，它没有轮子，看上去就是一个大圆球，一尺大小，表面布满尖锐的刺，用来帮助它翻滚。刺的下面覆盖着太阳能电池板，帮助它接收电力。刺猬探测器内部有三个旋转盘，每个指向不同的方向，使它能够自由旋转，旋转盘迅速加速产生跳跃，快速旋转能够弹跳，低速旋转能够翻滚。

母船名字叫做测量者，它不降落，在轨道上操控刺猬探测器，

刺猬探测器采用了一种新的设计思想，它不是一个，而是六个或者更多，它们像撒豆子那样一次投放在火卫一，分头执行任务。

师从植物的行星车

工程师们发明了很多有用的东西，但是，当一种新发明出现在大家眼前的时候，人们往往意识到，人类并不聪明，大自然早在几万年前，就已经制造出来了这种机械。于是，人们开始向大自然学习，中国的月球车模型中就出现了这种设计思想，样子类似于一种叫做“车前草”的植物。这种车前草机器人样子实在有点怪，它有四组轮子，这四组轮子也是它最大的特色，因为它们可以保证探测车在原地随意转弯，不需要有拐弯的空间。它的车身也很特别，类似于三片树叶，这使它不会轻易跌倒。在树叶状的中心，伸展出来一根高高的桅杆，看起来真像是车前草植物伸出的花蕊。但是，这却是一个智能头，是负责通信使用的无线电接收天线。它还有六只眼睛，那是各种功能的摄像头。

在美国宇航局的火星车设计理念中，也出现了一种叫做“风滚草”的火星车。“风滚草”就像一个圆球。它的内部，装载着多种天文探测仪器。在火星上约每秒20米的风力吹动下，这个直径6米的探测器能够以每秒10米的速度前进，当风向改变的时候，它会暂时停止移动，释放出一部分气体；当它准备重新启动时，气球又会重新充气，然后再向前滚动。在沙漠里的实验证明，它可以翻越高度为1.5米的障碍物，在25度的陡坡上也可以前进。这种“风滚草”是行星探测车家族的成员之一。所有的外星探测车都是一种机器人，它们需要自己携带能量，或者用太阳能，“索杰纳”只能在附近几百米的地方徘徊，即使是最新的火星车，也只能在200千米内的范围活动，远远谈不上漫游。但是“风滚草”就彻底解决了这个问题，它的探测范围可以覆盖整个星球表面。

虽然“风滚草”这个方案设计新颖，也有种种好处，但它随风而走，运行路线完全要听从风的摆布，无法控制方向是它的最大弱点；同时，如何把探测仪器安装在它的上面也是一个难题，即使把仪器安装好了，它不停翻滚拍出来的画面也一定是天旋地转，不经处理没法看，因此它还没有真正派上用场。

机器组群

在2004年的年初，欧空局也派出了自己的火星探测器，这个探测器携带着一个叫做“小猎犬1号”的机器人，但是，这个机器人却在着陆的过程中失踪了，这给一种新的理论提供了很好的理由，于是，人们开始设想有一种外星探测车，具体地说，它不是一辆车，而是一个自动探测集群，它们相互之间可以交流通信协调工作。这种“机器人舰队”并没有中央指令系统，却能自如地在各种地形上整体推进，它们既可以共同完成一个任务，又可以分开来分别执行不同的工作，即使是一个毁坏了，其他成员还可以执行任务。不论是外星探测，还是地球上的勘探，这种设计思想渐渐占据了重要地位。

刺猬探测器就是这种思想的代表，如果一个坏了，其他的刺猬还可以完成任务。还有一种名字叫做“可重构星球探测机器人”的探测器，这是由好几个部件组成的，这些部件既可以独立运动、跨越障碍，还能“站起来”抓取物品，完成搬运、采样、测绘等作业。最关键的，这几个机器人能变形，就像是动画片中的变形金刚那样，收到指令后组合在一起，就成了“轮子”。在未来的星球车中，它们的角色是子机器人，在与主机器人会合后，它们的机械手能牢牢地抓住主机器人，互相组合成为一辆星球探测车。

未来的行星探测车应该有通用性，不仅仅只适合于火星，也不仅仅只适合月球。新一代行星探测车应该能够为人们找到登陆的最佳地点，并且把科学仪器放置到指定的地点，它们还必须要有较高的局部自主能力，包括局部导航、调整自己的资源配备等能力。实际上，每一个行星探测车都相当于一个机器人。

随着航天技术的发展，新一轮的外星探测车的研制也将会越来越热，在这个研制的浪潮中，科学家们会利用各种不同的设计理念，制造出来各种新型探测车，让它们在各个自然条件不同的星球上工作。外星探测车的研制历史，不仅是一部机器人研制的历史，也是一部航天技术发展的历史。

10 用原子弹改造金星

科学家也爱赌博

普通人爱打赌，科学家也爱打赌，卡尔·萨根就跟人家赌过一次。卡尔·萨根是美国最著名的科普作家，当然也是科学家，他研究的对象是太阳系的行星。他认为在金星上，大气压力将会很大，金星的大气压力将会是地球的50倍。卡尔·萨根的这种说法遭到了另一个著名的行星科学家的反对，他认为金星上的大气压力只有地球上的10倍。于是，双方开始了一场赌博，如果金星上的大气压力超过地球上的50倍，卡尔·萨根将赢得对方的100美元，如果输了，卡尔·萨根只需要支付对方1美元，这是一场不公平的比赛，但是

金星

对方却接受了，最后的结果，对卡尔·萨根来说十分有利。

20世纪70年代初，苏联发射的“金星七号”和“金星八号”两个探测器在金星上着陆，这对姊妹探测器得出的数据表明，金星上的大气压力高达90个大气压，也就是地球上的90倍，这比卡尔·萨根预测的还要高一些，当然，卡尔·萨根赢了这场赌博。对方也没有耍赖，在一个合适的时候，把100美元交给了卡尔·萨根。

改造金星，原子弹上阵

要知道，90个大气压不要说人类在上面生存，就连金属制造的探测器，也需要特别的加固，否则就会被压扁。金星上之所以会

产生这么高的大气压力，是因为金星的表面覆盖着一层厚厚的大气层，这层大气层的主要成分是二氧化碳，厚达几十千米，就像是一层厚厚的棉被，压在金星的表面。二氧化碳不仅带给金星巨大的压力，还导致金星上极高的温度，金星表面的温度达到480摄氏度，也是生命无法承受的。

对于生命来说，这是一个像地狱一样的地方，但是，这里毕竟距离地球很近，科学家希望把金星改造得适合生命生存。要想改造那里的环境，首先，就要改造那里的温度，使这个星球的温度降下来，方法有点离奇，科学家希望使用原子弹来给金星降温。

具体办法就是发射几颗原子弹，让它们落在金星的表面爆炸，爆炸将会激起巨大的尘埃，这些尘埃升到高空，就会在金星的大气

层中制造出来大尘雾，这些尘雾就像是给金星打了一把伞，遮住了一部分射向金星的阳光，或者说，这些灰尘把阳光重新反射回了太空。

计算表明，当太阳辐射减小70%的时候，金星表面的气温，每星期将会下降1~3摄氏度。这个速度应该说是很快的，在短短十几年的时间内，就有可能使金星上的温度下降得跟地球上差不多。改造一个星球是一个很漫长的过程，用原子弹改造金星，却只需要短短的十几年时间，这实在是一个非常吸引人的想法。

岩石也来帮大忙

仅仅减低了金星表面的温度还是远远不够的，金星上还有大量的二氧化碳，二氧化碳是生命呼吸排放出来的废物气体，人们还要想办法降低二氧化碳的浓度，这方面其实都不用考虑，原子弹爆炸也可以把这个问题一起解决。

科学家发现，当温度降低的时候，岩石会吸收二氧化碳，当温度升高的时候，岩石中的二氧化碳又会排放出来，这个规律在地球上没有多大作用，因为地球上温度起伏不大，但是这个规律在金星上就很有用了。

金星上到处是岩石，当温度减低以后，岩石就像是饿鬼那样大量地吸收二氧化碳，这样金星大气层中的二氧化碳含量就会减小，二氧化碳含量减小了，温度还会进一步下降，这是一个相互促进的过程，进一步下降的温度还会导致更多的二氧化碳被吸收，直至最后，当温度适合生命生存的时候，二氧化碳的含量也基本适合生命需要。

所以，当原子弹爆炸以后，不仅温度下降了，岩石也来帮忙吸收大量的二氧化碳，让金星朝着我们需要的方向改变。

金星的知名度可能会超越火星

如果说在太阳系中，寻找地球姊妹星的话，那么能入选的只有火星和金星，它们与地球的大小差不多，距离太阳的距离也适合生命的存在，也具有跟地球差不多的地质结构，给人类制造第二个外星家园，它们都是入选者，但是，它们的命运却不同。

现在人们关注的是火星，火星探测器一个接一个地起飞，极大地吸引了人们的眼球，虽然如此，科学家不得不承认，改造火星的过程可能很复杂，改造时间也会长达几百年。

金星就完全不一样，用原子弹改造金星的过程可能只需要几十年，目前，金星正一步一个脚印地逐渐走入人们的视线，20世纪苏联的金星系列探测器就已经为我们带来了不少有关这个星球的信息，20世纪90年代初，美国的麦哲伦金星探测器也取得了巨大的成绩，2005年，欧洲航天局的金星快车探测器也来到了这里。金星正渐渐开始显现出自己的魅力，等到用原子弹改造金星的设想获得更多人的认可，金星必然会热起来，它的知名度会超越火星，直到最后成为我们的第二个家园。

保卫地球，阻止外来天体的袭击

对地球安全构成威胁的外来天体有彗星和小行星，彗星很少，对地球造成威胁的主要是小行星。由于受到大行星的引力影响，小行星的轨道很容易发生变化，看起来似乎是不遵守交通规则，它们在太阳系内横冲直撞，这严重威胁到地球的安全。

为此，国际天文联合会设立了多个小行星联合观测机构，试图提前发现对地球造成威胁的小行星。现在已经记录在案的小行星数量实际只是很少的一部分，尽管已经发现的这些小行星暂时都不会对地球造成威胁，但太空中仍然隐藏大量的危险分子，一颗名叫“阿波菲斯”的小行星将有可能在2036年再次飞临我们时撞上地球。提前发现它们也只是一种预警行为，怎样避免它们与地球相撞才是一个重要的问题，为此人们煞费苦心，设想了很多方法。

用核弹袭击小行星

保卫处于危难中的地球，阻止外来天体的袭击，其中人们广泛知道的方法就是发射核弹袭击小行星，把它们炸成碎片。借助火箭的助推，目前的核弹可以攻击地球上的任何一个目标，要想把核弹送上太空，去攻击一颗小天体，借助多种火箭的组合能力，也不存在太大的困难，太阳系的远程空间探测已经证明了这种能力的存在。

在攻击一颗小行星之前，还需要了解这颗小行星的物质成分，只有了解了它的物质组成，才能决定核弹的爆炸当量。另一个问题是，我们还需要了解这颗小行星的大小。如果小行星的体积实在太大，核弹的爆炸能力根本不足以摧毁它，这时候需要采取多次爆破技术，先把小行星炸成多块，然后再分别击中那些大块的碎片。最后的碎片当然也有些还会向着地球冲来，这时候，地球的大气层就会把碎片燃烧掉，只给我们留下一阵美丽的流星雨。

将外来天体推离轨道

推离轨道比爆炸的方式和缓得多，人们设想把一个人造航天器发送到小行星上，让它粘到小行星上，把目标推离原来的轨道。在这个航天器上，带有一个发动机，发动机不停地工作，经过长期地

施加影响，小行星就会改变轨道。这是比较稳妥的办法，如果第一次没有推成功，还可以发射飞行器对它进行跟踪，再一次执行使命。

利用这种方式，人们首先要考虑的是，发动机究竟要使用什么动力。目前航天器使用的动力基本都是化学燃料，要把这样的燃料带到那么远的小行星上去执行任务，几乎不可能，所以当前最有效的燃料是离子发动机，飞往月球的“智慧一号”就使用了这种动力系统。

这种动力在把太阳能转化为电能后，把惰性气体原子电离，然后高速向后喷出，由此产生向前的动力。它所携带的惰性气体是氙原子，这种粒子火箭的效率要比普通化学能量发动机高出10倍，这样它只需携带很少的能量就可以上路，这使它拥有更加长时间的工作能力。但是，这种动力系统有一个致命的缺陷，那就是它的功率一直很低，虽然可以绵绵不断地提供动力，效果却很不理想，要想推动比较大的小行星，它就无能为力了。

所以人们设想了比这更好的另一种动力利用方式，那就是核技术动力，利用核技术产生的动力更持久，能量也更大，可以

很快地达到预期目的。

这种改变外来天体运行轨道的方式正在被科学家广泛地进行研究，目前美国人提出的“重力拖车”方案就是利用这个原理，欧洲航天局提出的“唐吉诃德”方案也是这种原理。

改变小行星的颜色

不论是利用核弹袭击，还是改变它们的轨道，都是较为复杂的工作，需要人们经过长时间的研究，并需要付出高昂的费用，其实还有一种不需要花钱的方式，或者说只需要花费很少的钱就可以达到目的的方式。那就是尽可能地采用自然界的物理定律，这样的物理定律人们已经找到。

人造卫星刚出现的时候，科学家很快发现了一个问题，尽管他们对卫星的各种轨道要素计算得非常精确，但是人造卫星发射之后，却总是不听话，过不了多久，它们就会改变轨道根数，不好好地待在自己的轨道上。这是一个让科学家十分头疼的问题，后来终于找到了原因。

原来，这些人造卫星在太空围绕地球转的同时，也接受太阳的光照，在这寒冷的太空里，面向太阳的一面温度很高，而背对着太阳的一面由于照不到太阳，温度就很低，人造卫星材料不能很好地传导热量，两侧的温差导致了卫星轨道的改变。

跟人造卫星一样，小行星在太空中也要接受太阳光的照射，受阳光照射升温后，会向外辐射热量，这一过程会产生微弱的反作用

力，作用就像一个很小的火箭发动机，将会影响小行星的轨道。

实际上，1900年，在研究小行星的时候，俄国工程师雅科夫斯基就提出过这种概念，因而被称为雅科夫斯基效应。现在，美国宇航局喷气推进实验室的科学家宣称，他们对一颗小行星进行了长期观测，终于发现了雅科夫斯基效应确实存在。雅科夫斯基效应给被这个问题困惑的科学家提供了另一种解决方式，让小行星两边吸收的热量不一致，那就是改变小行星的颜色。

我们可以派遣一艘飞船，让宇航员给小行星的表面刷上颜色，这些涂料是深色的，这样可以吸收更多的阳光，使小行星的表面温度升高，要么使用浅色的，因为浅色易于反射太阳光，从而使小行星吸收的热量减少。总之，不管刷上什么颜色，根本目的是要改变小行星的受热状况，从而达到改变它的运行轨道的目的。

给小行星制作布兜兜

利用雅科夫斯基效应，还有另一种花钱少的解决方法，那就是给小行星穿上布兜兜。这也同样是为了改变它们的受热状况。

为了达到这个目的，我们可以飞到小行星的表面，用一种布料给它制作一件布兜兜。首先，所用的布料应该具有很好的反光性能，它闪闪发光，呈现出银白色的光芒。把这些布料平铺在地上，从自转轴的一边覆盖到另一边，盖住半个星球，然后，用针把这些布料缝起来。最后又用大号的钉子把这些布料固定在小行星的表面，这样就给它做了一个大号的布兜兜。这件布兜兜需要使用很多布料，从小行星的头上盖到脚上，而它的后背则还是光秃秃的。

这个小行星当然也要自转，当穿着布兜兜的一面朝向太阳的时候，银白色的布料会把太阳光反射到太空，因此这一面一直很冷。但是，当另一面朝向太阳的时候，它可以充分吸收太阳光，这样就造成了两面的冷热不均，巨大的温差必然会使小行星的轨道受到影响，从而避免小行星撞击地球。

如何对付外来小天体的攻击，设想的这些方法各有长处，也各有短处，究竟使用哪一种方法，还要看小行星的具体情况，另外还要看在这些技术的发展过程中，哪一种技术比较成熟。一般来说，小行星撞击地球的可能性不大，很多时候都是人们危言耸听，即使真的要发生这种事情，以当代的航天技术来说，要想对付一个来袭击地球的小行星，也不存在太多的困难。

12 警惕迷途的恒星制造太阳系的灾难

从依巴谷到依巴谷人造卫星

公元前2世纪，在古希腊罗得岛上，有一个简单的天文台，伟大的天文学家依巴谷就在这里观测天象，依巴谷白天观测太阳的行踪，晚上观测众多的恒星。他发现，恒星并不是恒定不动的，它们也有缓慢的位移，这种位移需要经过几个世纪才能被观察到，在这里，他还发现了室女座角宿一的缓慢移动，进而发现了分点岁差。

传说，依巴谷的视力非常好，那时候，依巴谷是用肉眼来观察恒星的运动，他的观测最终使他完成了一份星表，这个在公元前129年完成的星表包含了850颗恒星，这一直是此后十几个世纪最好的星表。

当航天技术来临的时候，人们需要更精密的星表，1989年，欧洲空间局发射一颗天体测量卫星，用以测量恒星视差和自行，这颗卫星就以依巴谷的名字命名，全称为“依巴谷高精视差测量卫星”。依巴谷卫星测量了120000颗恒星的五个天文测量参数，精度达2~4毫角秒，它还测量另外400000颗恒星的天文测量参数及B-V色指数，但位置精度稍逊。用这些数据编制了当代的依巴谷星表，它在1997年6月出版，包含全天百万余颗暗至11等的恒星，以及一万余个非恒星天体。

这是当代最精确的星表，从这份星表中，人们可以发现最近几年哪一颗恒星有了微小的位移，哪颗恒星的光谱有了什么变化。这对现在的天文研究有着十分重要的意义，它可以确定哪些恒星是迷途的恒星。

从星际弹弓到迷途的恒星

2005年，人们发现，在银河系中有一颗恒星正在快速地向外奔逃，它以脱离银河系引力所需要速度的两倍逃离银河系，研究表明，这颗恒星本来可能是双星，它在围绕着银河系中心运行的时候，遇到了一个黑洞，它的同伴被黑洞吞噬了，于是它也就成为了一颗伤心的恒星，它要逃离这个是非之地。

其实，这是一个星际弹弓效应引起的现象，当一颗恒星接近一个黑洞的时候，如果不能正好进入黑洞，黑洞强大的引力将会把它狠狠地甩出去，就像是被弹弓射出去那样，快速地奔向另一个方向。黑洞这样的引力场会改变靠近天体的运动方向，其他的恒星也会改变经过它身边的其他天体的运动方向，目前，这种原理已经广泛被航天技术使用，很多航天器就是借助沿途的一颗大行星调整自己前进的方向，飞向更遥远的目标，在一些科幻小说中，遥远的星际飞行，也广泛采用这种方式。

这种飞离银河系的恒星目前还只发现了16颗，但是，像它们这样不按照常规运行的恒星却多得很。

本来，太阳和它周围的所有恒星都围绕着银河系的中心在旋转，就跟太阳系的行星围绕着太阳运行那样，只不过这个轨道周期太长了，长达好几亿年，这个轨道圆圈也太大了，大得直径达到好几万光年，它们各自在自己的轨道上运行，彼此秋毫无犯。

但是，有少许恒星并不能严格遵守这样的规则，它们会横冲直撞，偏离自己环绕银河系运行的轨道，如果把正常的恒星轨道看作是车轮的话，那么它们的轨道就像是车轮上的辐条，放射状地向外伸展，这些违反常规的家伙被称为迷途的恒星。

究竟哪些是迷途的恒星，看看依巴谷星表，就可以知道，哪一些恒星的位置发生了稍许改变，它们离开了自己原来的位置。

这些迷途的恒星，向哪一个方向跑的都有，它想往哪个方向跑，跟我们似乎没有任何关系，但是，如果它向我们这个方向跑，比如向着太阳飞奔的时候，我们绝对不会不闻不问，这个时候，人们就该高度警惕，开始关注它们的一举一动，因为它们是地球大灾难的来源。

从第十大行星到新的危险分子

长期以来，太阳系第十大行星一直在激励着天文学家的探索热情，人们总是认为，太阳系应该有更多的大行星。这种热情的另一个原因是，在古代苏美尔人记载，太阳系还有一颗大行星，这颗行星失踪了，后来的人们把它称为复仇女神，并且说这颗行星的轨道非常扁圆，它需要3600多年才能围绕太阳一周，所以它在太阳系很遥远的边疆。一般认为，是它的出现导致了恐龙的灭绝，地球的一系列灾难都是它带来的，它的下次回归将会给地球带来更大的劫难。如果在太阳系的边疆有这么一颗大行星，以现在的技术而言，它早就该出现在望远镜里了。

现在科学家也意识到，能给地球带来巨大灾难的天体可能不是来自太阳系内部，很可能来自于太阳系的外部，也就是一些恒星，

确切地说，是一些太阳的邻居。

在太阳的邻居中，距离我们最近的人马座比邻星距离太阳4.3光年，并没有明显地向太阳靠近，巴纳德星距离太阳系只有5.96光年，虽然在向太阳系靠近，但是在公元11800年最近的时候，距离也有3.85光年。这些近邻，已经研究得很充分，不会威胁地球的安全，还有一些比较远的恒星，在长期的运行中，都不会对太阳系构成什么威胁。

能对地球的安全构成威胁的就是迷途的恒星，确切地说，是迷途恒星的一部分，迷途的恒星向哪个方向跑的都有，我们只关注向着太阳靠近的恒星。

哪些恒星正在向太阳系靠近，这就需要最新的星表，这时候，1997年出版的依巴谷星表就起到了大作用，在这份星表中，详细地记载了恒星的各种数据，最主要的是它们在星空中的位置，再结合最新的观测，科学家就可以发现哪些恒星的坐标发生了改变。

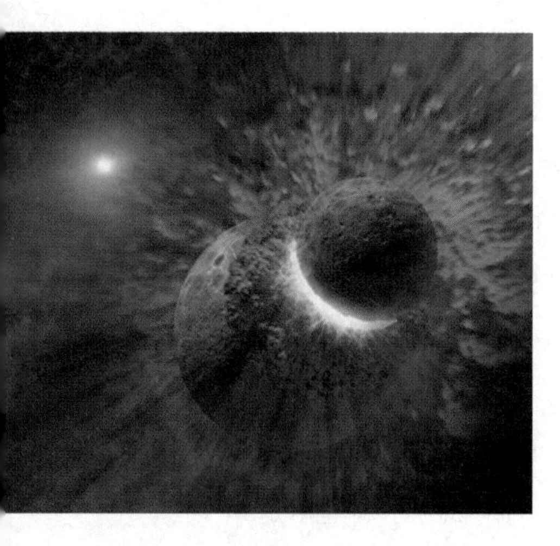

使用这种方法，他们找到了156颗这样的恒星，这是一份危险分子的名单。这些迷途的恒星都对太阳系的安全构成潜在的威胁，但是问题都不大。2010年，在这份危险分子的名单中又多出来9颗恒星。恰恰在这9颗恒星中，出现了一个最危险的危险分子，这颗恒星就是Gliese 710，它位于巨蛇座，距离太阳系63光年远，能够对太阳系构成重大威胁。

Gliese 710并不严格围绕着银河系的中心运行，它像个不讲交通规则的醉汉，横冲直撞，每隔200万年，Gliese 710在前进的路途上就要接近一颗恒星，向着太阳系的方向飞奔而来。

论起质量，它只有太阳质量的0.4~0.6倍，论起亮度，只有太阳的4.2%，是一颗典型的红矮星。它有可能与太阳系近距离接触，成为最靠近太阳系的恒星，那会给太阳系带来一场大麻烦。

从《2012》到奥尔特云的浩劫

自从科幻电影《2012》放映之后，就引起不小的反响，古代玛雅人那神秘的历法就更多地牵动着人们的心，在那两年，各处的大地震也让人们想起那个历法，它在2012年12月22日终止了，似乎那一天就是世界的末日。这是没有任何根据的，古老的天文技术不能得出这样的结论。在太阳系内，也并没有周期性能影响地球的大天体，那么灾难只能来自太阳系以外。

Gliese 710就是能给地球带来灾难的恒星，它将要来到太阳的身边，这是一个值得高度警惕的事件，它威胁到了地球的安全。现在科学家考虑的是，它究竟能来到太阳系的什么位置。Gliese 710跟太阳系相撞，这种概率并不大，至于跟地球相撞，概率更是微乎其微。但是可以肯定的是，Gliese 710会进入到奥尔特云，严重扰

乱在那里安息的彗星。

奥尔特云是彗星的世界，它在太阳系的边缘，就像是一个大蚕茧把太阳系包裹在其中，我们能看到的彗星都是从那里来到太阳系内部的。奥尔特云距离太阳有五万天文单位，相当于地球到太阳距离的五万倍。

研究表明，Gliese 710在最靠近太阳系的时候，有可能冲进奥尔特云，扰乱在那里安息的彗星，让它们离开自己的家，奔向太阳。偶然有几颗彗星冲进太阳系是很正常的事情，与地球相撞击的可能很小，但是Gliese 710会把大量的彗星驱赶到太阳系的内部，像枪林弹雨那样冲进太阳系，慧星与行星撞击的概率就会非常大，地球免不了会出现灾难。

彗星大规模地冲入太阳系，这种情况过去曾经多次发生，6500万年前，恐龙的灭亡被认为是这个原因导致的，还有很多地质史上的劫难，都被认为是远古时代恒星靠近太阳导致的，它们引发了太阳系内部天体的相撞。

对于Gliese 710的来临，我们也不要惊慌，因为还有很多不确定性，它来到我们附近的概率是86%，可能还会有其他因素改变它的行进路线。它距离地球63光年远，它来到太阳系附近的时间还远得很呢，那需要至少150万年。

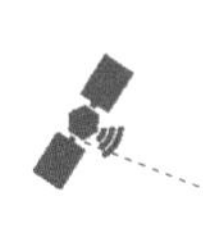

未来考古鸟，把我们的今天告诉五万年后的人类

一个位于法国的国际组织将要发射一颗卫星，这不是一颗普通的卫星，它是一颗永恒的卫星，它要见证人类历史发展的脉搏，五万年后，它才返回地面，将我们今天的历史告诉五万年后的人类。

这个计划就叫做 KEO 计划，之所以选择这三个字母为它的名字是经过认真考虑的。科学家广泛地研究了世界上最常用的一百种语言，发现最常使用的三个字母就是 KEO，因此可以说，它具有广泛的全球意义，可以代表所有的种族。承担这项使命的卫星叫做未来考古鸟。

未来考古鸟的诞生

人类文明的历史只有短短的五千年，我们很想知道我们的祖先是怎样生活的，这却是一件不可能的事情，使用考古这个工具，考古学家依然不能把祖先的情况完全地告诉我们，我们对那个时代的了解带着过多猜测性。

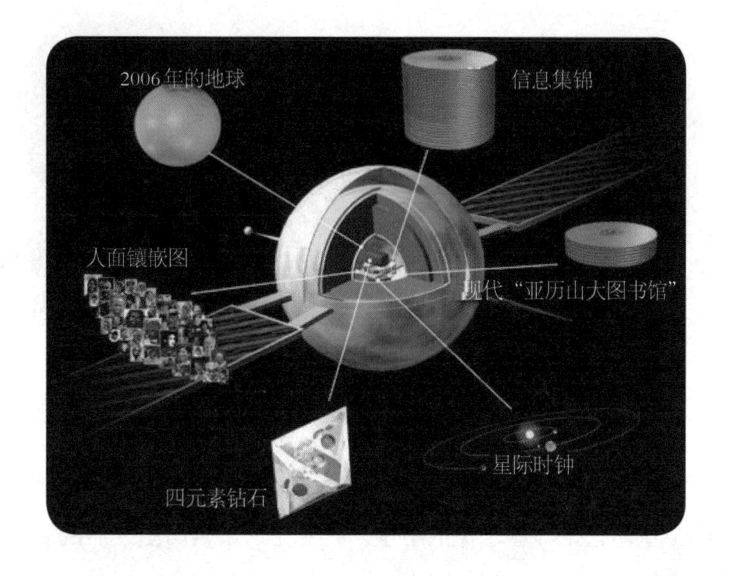

当我们把眼光转向未来的时候，我们是否也会考虑，五万年后的后代，是否能够了解我们今天的生活，我们今天的社会结构，今天的文化和经济？这个问题似乎很好回答，今天的书籍和电子产品会把一切告诉后人，但是，倘若出现了某种不测的原因，人类的历史突然中断，那么五万年后的人类就不可能了解我们今天的生活。于是，KEO 计划应运而生，它要把我们今天的一切告诉未来的人类。

最早提出这个想法的是一个法国人，它的名字叫做让·马克·菲利浦，他本来是一位地球物理学家，同时也兼有艺术家的素养，在他的绘画作品中把自我精神意识上的空白与西方科技文化社会联系起来。后来他逐渐摒弃了他的调色板、画笔、颜料和其他艺术创作的传统工具，提出这项计划。

要把今天的礼物送给五万年后的人类，是一件多么不容易的事情。把它放在何处就成了一个很棘手的问题。人们首先想到的是地下，但是这样必然要面对着国家和地区的选择，从而使它不具有世界意义，唯一可以让人们信赖的地方，只能是太空。太空是人类共有的家园，只有在那里，它才最安全，未来考古鸟，这只鸟儿将带着我们的思想飞向太空。它在那里，将会见证人类历史的脉搏。

对于这样一项有意义的活动，它自然受到了来自各界的支持。如联合国教科文组织，法国外交部，欧洲阿里安空间局，法国政府所属的航空技术公司，国际人权联合会等，也受到了不同国家人民的支持，他们都想把我们今天的历史告诉未来的人类。

带给未来的礼物

我们今天所能找到的古代物品，都是被那时的人们无意识丢弃的。但是，未来考古鸟却明确地要把我们今天的东西送给未来的人们。

这样一个经历漫长五万年的礼物，必须要经过完好的包装，为此，它将拥有五层外衣，使它经受得住温度的变化，陨石和其他卫星碎片的撞击，还有宇宙射线的辐射。组成它的材料是铝、钛、玻璃、碳/碳烧蚀材料、金属泡沫。这样多重材料可以使它的有效密度小于1，即使五万年后落到了海里，也不会沉到水下。

在五层外衣的里面，包裹着我们送给后人的礼物。在一块玻璃面板上面，刻有男女老少的面貌图，这些人来自各个种族。之所以

这样做，是因为越来越多的人种的产生，将会使这些典型的面孔逐渐消失。在另一个玻璃面板上，将刻有一些天文符号，告诉后代这颗卫星发射的时间。

未来的考古者还会发现一个珍贵的钻石，它的内部镶有四个黄金小球，在黄金小球内装有一滴海洋的水，一小撮土壤，一小罐空气，最后一颗小球内装有的是一滴人类的血液，那是我们共同基因的印证。

最重要的是我们要给他们一部大百科全书，这个大百科全书被刻录在一叠光盘上，光盘的内容含有：动植物品种介绍，我们现今所掌握的知识情况，多样艺术，宗教创始经文，世界地理政治格局等。这些内容将通过图像、声音和文字的形式呈现给他们。为了确定这部大百科全书的具体内容，一个由多种文化、多个学科和多种派别组成的人类学识委员会已经建立起来，它们将会负责选择有关资料。

在光盘的正反两面都刻上200多幅形象直观的示意图，未来的考古者将看到一些象形符号，例如表示水、房子等的符号，并附上用几种语言的注解。这些表面的符号将使他们明白光盘是具有内在意义的，而不是神秘的怪物。为了帮助他们理解这些光盘的内容，还为他们准备了DVD驱动器和显像装置的制造图。

如果他们的科技比较原始，无法理解光盘的话，还有另一种方法，紧挨着光盘，他们会看见一个音叉，一个低级的带读写头的共鸣器，这样的设施一拿起来将会产生振动。一旦共鸣器的频率扩大到与音义的相符，他们将惊奇地听到现时的几种主要语言和我们这个时代的经典音乐。

随同未来考古鸟一起，带给后人的还有另一件特别的礼物，那也是一张光盘，那里面所含有的是我们这个时代人心底的秘密。

为了让未来考古鸟真正地代表这个时代的心声，KEO 的组织者设立了自己的网站，这个网站向全世界的人发出了邀请。邀请生活在地球上的每一个人留言，无论你是一个富人，还是一个穷人，无论你是一个孩子，还是一个老人，无论你是一个正在狱中服刑的犯人，还是一个学识渊博的哲人，都可以抒发你的情怀。你可以吐露梦想，表达信仰，提出质疑，将你心底的秘密告诉五万年后的人类。留言不能超过三千字，这样是为了给更多人留下机会，同样道理，也不允许留下图片和声音文件，因为大文件将会占用太多的磁盘空间。

所有 KEO 收到的信息都将录入光盘，装入未来考古鸟，这只鸟儿将飞向未来，让你的思想和精神通过这种方式获得永恒。

寂寞的未来考古鸟

“KEO 未来考古鸟”人造卫星原准备2006年发射升空，后来这个计划一再推拖。未来考古鸟的外形跟其他卫星相比，基本上没有什么差别，也有一对长长的翅膀，它的翅膀总计约9米，它的全身中心部分是个圆球，直径小于80厘米，总重量小于100千克。

升空之后，它的翅膀将会自动展开，并随着地球阴影及太阳辐射的变化呈节奏性的展翼飞翔。但是需要注意的是，其他卫星的翅膀是太阳能光板，可是它的这对翅膀却没有任何作用，只不过是一种象征意义，告诉人们它不是商业卫星，也不是军事卫星。

未来考古鸟是一颗被动卫星，它没有任何能量设施，一经射入轨道，就没有办法再与之联系，因为现在的电池将会产生分解，这种分解将会影响它的惯性轨道。

虽然不能与之联系，但是在高倍数的天文望远镜观察下，我们将可以看见那带着人类历史见证的KEO未来考古鸟，在太空轨道下展翅运行的身影。它在一个很高的轨道上围绕着地球运行，足有1800千米高，那是一个椭圆的轨道。几百年后，那不受保护的翅膀将会自行脱落。KEO未来考古鸟将只以它的卫星球体，每天缓慢地环绕地球，继续它的长途太空之旅，那是寂寞的时光之旅，它长达5万年。

随着岁月的流逝，它的轨道将会逐渐降低，当它的轨道高度低于120千米的时候，KEO未来考古鸟的太空旅程亦接近尾声，随着速度的变慢，最终它将会返回地球大气层。在它着陆的两分钟前，由钛、钨制成的防热保护罩在穿过浓密的大气层

后将会被瓦解，然后由碳制成的防热保护罩将会高达2800摄氏度。我们的子孙将看到一道似划过天际的火流星，这就是“KEO未来考古鸟”的到来，他们将会完好如初地得到这份礼物。

预祝未来考古鸟一路平安

人类的社会文明史，仅仅有短短的五千年，但是，像埃及文明或者其他许多文明都已经消失，没有人知道它们消失的原因。在今天这个科技日益发达的时代，人们热衷于基因技术，热衷于纳米技术，热衷于探讨原子世界的秘密。毫无疑问，这方面的发展都具有危险性，对它们的研究是福还是祸，我们无法预知，也就无法预知人类文明的进程。我们的后代子孙将要用多少时间去翻译我们的玻璃光盘？一天还是一千年？我们也无法预测。

我们只有预祝未来考古鸟一路平安，人类社会的文明进程也一路平安！

当我们仰望星空的时候，总是要问这样一个问题："宇宙中有没有外星人？"人类从来没有停止过对这个问题的探讨，但除了似真似幻的飞碟的记录和电影导演的凭空想象之外，我们几乎一无所获。

生命一定会在一颗行星上生存。在一颗条件温和的行星上，由化学反应产生了原始生命，再由原始生命过渡到高级生命。这种现象在整个宇宙中普遍存在；接着，在达尔文适者生存理论的模式下，从那些生命中间最终会进化出一种智能生命；可是宇宙中何处才有这样的行星呢？

于是，对外星生命的寻找，现在已经演化成对日外行星的搜索，科学家希望找到其他恒星的行星。一个多世纪以来，天文学家们一直在努力寻找太阳系以外的行星。令人遗憾的是，直到现在，也没有多大进展。

行星自身不发光，而只能反射恒星的光芒。如果把恒星比喻为一台功率强大的探照灯，那么行星就只是站在探照灯边缘的一只小小萤火虫。"探照灯"是如此耀眼，"萤火虫"当然就毫不起眼了。所以我们不能直接看到它们，这是寻找它们最大的难题。科学家意识到，我们必须使用一种间接的方法，现在，科学家已经创造出四种间接的方法来寻找日外行星。

看看恒星是否在跳摇摆舞

恒星的质量比行星大，所以它的引力也更加强大，它会把行星束缚在自己身边，让行星围绕着自己运转，这已经是尽人皆知的事实，但行星也以自己的引力对恒星施加着影响。从遥远的地方看上去，行星会使恒星的轨道发生周期性的摆动。行星每转一圈。恒星就会“摇摆”一下，从稍稍偏向一边转而稍稍偏向另一边。

实施这种方法的时候，我们可以选定一片天空，透过望远镜拍摄其图像；测定其中各星球的相对位置；然后每过一段时间，对同一片天空重复同样的操作。最后，比较多次拍摄到的图像，观察各星球的运动是呈线形模式还是呈摇摆模式。

当然，摇摆的幅度是非常微小的，就连比地球大1000倍的木星对太阳产生的影响也十分难辨。只要测量恒星是否有周期性的摆动，就可以判定它是否有行星。第一颗日外行星就是这样被发现的。

1995年10月，瑞士日内瓦天文台以梅厄为首的天文学家郑重地宣布：距我们40光年远的飞马座51有一颗行星，称为飞马座51B，这颗与太阳光谱相同的恒星以每秒60米的幅度来回摇摆，而且在一年半多的时间里十分稳定，这样稳定的摇摆周期表明它有一颗行星。到现在为止，绝大多数行星都是通过这种方法发现的。

观测恒星的光谱

在发现日外行星的道路上，除了使用引力定律之外，还有另一种依靠光学的方法，这就是观测恒星的光谱。遥远的星光带给我们许多信息，它们不仅可以告诉我们它所包含的化学成分，还可以告诉我们许多其他的信息，这就教给我们另一种寻找日外行星的方法。这种方法就是要观察恒星颜色的改变，因为颜色的变化也表明恒星在运动。

美国天文学家乔夫·马西每次观测恒星时，都会把恒星之光分解成光谱，而恒星大气层所吸收的波长则以线条的形式出现于其中，被称为“吸收线”。通过记录“吸收线”，马西就为星光录下了“指纹”，因为这一“指纹”与恒星所处的位置一一对应。假如恒星受到了不可见的行星的拉动，那么光谱中的“吸收线”也会移动。

当一颗恒星向着观测者靠近时，辐射的光波会变短，向蓝端移动，称为蓝移。反之，则会向红端移动，称为红移。只要恒星的光谱中出现了这种变化，那就表明它有行星，是行星对它的拉动才使它的光谱发生了变化。所以通过检测一个恒星的光谱变化，也可以知道它是否有行星。

观察恒星的光度变化

肉眼无法直接观察到光谱的变化，它需要使用相关的仪器，但是还有另一种利用光学的方法，这种方法比较简单，也更加易于理解。

太阳系的金星在围绕着太阳运行的时候，会跑到太阳的前面，这个时候，它就遮住了太阳的光芒，我们会看到，太阳上面出现了一个黑点，这个黑点就是金星，这种现象被称为“金星凌日”。当“金星凌日”发生时，太阳的光芒会略微减弱。天文学家们认为，太阳系外行星在围绕各自的恒星运转时，也会发生类似的现象。通过大型望远镜，我们可以记录下来恒星光芒减弱的过程，这

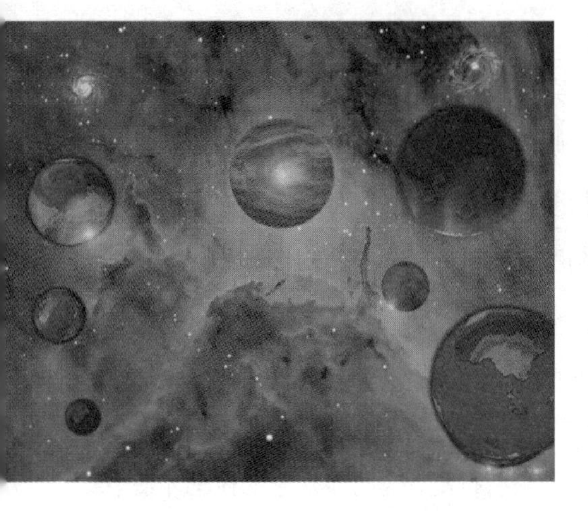

无疑是最可靠的方法。

但是，这种方法有一个弱点，这个恒星系必须要跟我们的视线位于同一个轨道平面上。这样才可以看到它从恒星的表面经过，也正是因为这个原因，它发生的机会很少。所以，迄今，人们在太阳系外总共找到了120多颗，其中只有3颗是由于恒星光芒受遮挡而发现的。

有人认为，在太空中，空间望远镜可以克服地球大气层的影响，就可以明确地发现这样的行星，但是试验的结果证明，这样做跟地球上的同行相比，丝毫也没有什么优势。

此外，根据恒星光芒削弱的程度，可以测算出太阳系外行星的质量；根据恒星光谱的变化，可以推算出行星大气的成分。飞马座 HD209458有一颗质量与木星相当的行星，与所有其他日外行星不同的是，它与我们的视线位于几乎同一平面，公转周期是3.5254天，当它从恒星表面经过的时候，恒星的光芒就会减弱一点，这个时候，我们就可以检验它的大气成分。检验结果表明，这颗行星含有大量的钠元素，与科学家预言的基本相符，这是首次辨别出日外行星的化学组成。

利用天然望远镜方法

还有一种更加巧妙的方法，这种方法就是利用一种天然的宇宙望远镜，它又被称为引力透镜。

当一颗行星运行到一颗恒星的前面时，它会使恒星的光芒减弱，这是因为行星距离恒星太近了。当这颗行星距离恒星足够远的时候，就会发生另一种情况，一种完全相反的变化，那就是它会使恒星的光芒增强，行星就像是一个放大镜，可以汇聚恒星的光芒。

这种情况大大出乎我们的传统理念，但是它又合情合理，符合有关的引力定理。它被称为引力透镜，这种情况已经被证明确实存在。但是这种情况的发生需要有好几个先决条件，它对行星的质量和行星与恒星的距离都有着严格的要求，而且它们还跟地球到这个系统之间的距离也有关系，所以这种情况发生的可能性极小，天文

学家观测了很多年，一直没有什么结果。

但是，2004年4月，终于有一颗恒星出现了这种情况，于是，第一个用引力透镜方法找到的行星出现了。这颗行星的质量跟木星差不多，隐藏在银河系的中心，距离我们1.7万光年。它和它的母恒星一起组成了一个透镜，让一个更加遥远的恒星光芒变亮了好几天。所以这是一个复杂的引力透镜。这也是引力透镜这种方法不好使用的一个根本原因。

当前天文学家发现日外行星，只有这四种方法可以使用，其中摇摆法是最为可靠的方法，因为不管在哪里，引力定律都适用，恒星和行星相互之间的引力必然要暴露出它们之间的轨道关系。但是这种方法也有一个缺陷，那就是我们只能发现一些大质量的行星，对于那些小质量的行星，它对恒星的引力太小了，它使恒星摇摆的幅度太小，很难发现它们。

在不久的未来，观测日外行星的技术还要获得大发展，技术的核心将是发展光学技术，也就是要把恒星的光尽量减弱，同时，要把行星的光芒尽量增强，这样的技术将会使更多的行星暴露在天文学家的视野里。

父母双全的行星

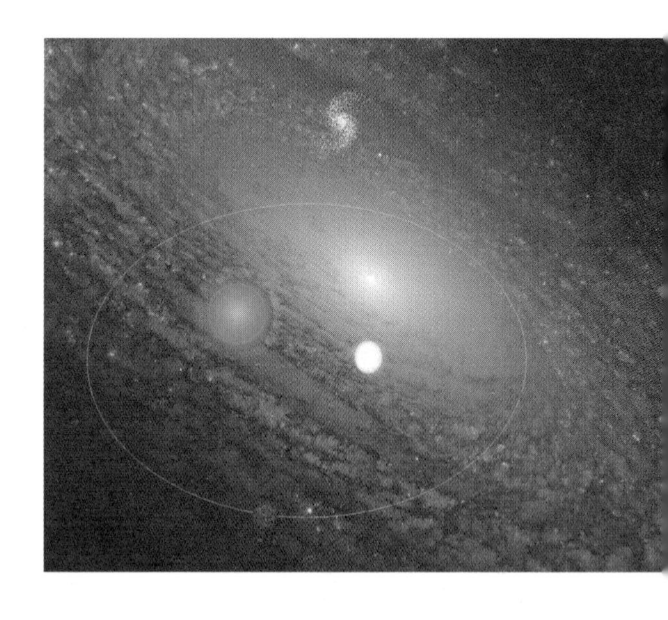

父母双全

行星就必须要围绕着一颗恒星运行，就像地球围绕着太阳运行这么简单，恒星就如同行星的母亲，它只能有一个亲人。但是前不久，中国的天文学家发现了一颗奇特的行星，它居然父母双全。它不是围绕着一颗恒星运行，而是围绕着两颗恒星运行，这两颗恒星就如同它的父母。这是一个完美的一家三口，这个家庭在南方天空的室女座。

这颗行星的父母叫做室女座 QS，距离我们地球157光年，它们靠得太近了，两者距离仅仅有84万千米，相当于地球与月球之间距离的两倍。也正是因为这个原因，它们才只有一个名字。室女座 QS 看上去就是一颗恒星，其实它们是一对双星。这对双星并不会肩并肩地站在一起，它们在相互围绕着对方运转，就像是两个人在跳交谊舞那样。这种相互绕转的速度是很快的，3小时37分钟，它们就会相互转一圈。科学家使用特别的装置发现了这个秘密，也正是因为这个秘密，揭示了这一家三口之间的关系。

如果非要分清谁是父亲，谁是母亲的话，那么可以说，父亲是白矮星，白矮星的颜色很白，这表明它具有很高的温度，远远超过太阳，但是对于热量来说，它是坐吃山空，它已经不能继续产生热量，仅仅是表面温度高而已。白矮星不仅表面温度高，密度也异常的高，高得令我们无法想象，如果使用白矮星的物质制造一个一块钱的硬币，重量将会异常惊人，别说把它装在口袋里，就是承载重量能达到几十吨的老吊车也休想把它吊起来。

这颗行星的母亲就显得有些柔弱，它是一颗红矮星，发出淡淡的红光，红光表明它的温度很低。一般认为，红矮星是发育不全的恒星，它们在形成的时候，得不到足够的物质，于是就显得个头较小，也正是因为个头较小，它也就没有足够的热量。

不管是红矮星还是白矮星，论起发出的光芒，它们都远远赶不上太阳那样光芒四射，但是论起年龄来，它们的年龄远远地超越了太阳，是一对老夫妻。

父母关系不和

这样一对老年的父母就只有一个独生子，其实也说不上这颗行星是它们孕育的，也许，这颗行星是从别处来到了这里，被它们收养的。不管这个行星从何而来，这个三口之家应该算是十分完美的家庭。但事实远远不是这样，这是一个关系不够融洽的家庭，总有一天，这个家庭会分崩离析，原因还得从父亲白矮星说起。

白矮星的密度很大，会产生强大的引力，这使得红矮星在一天

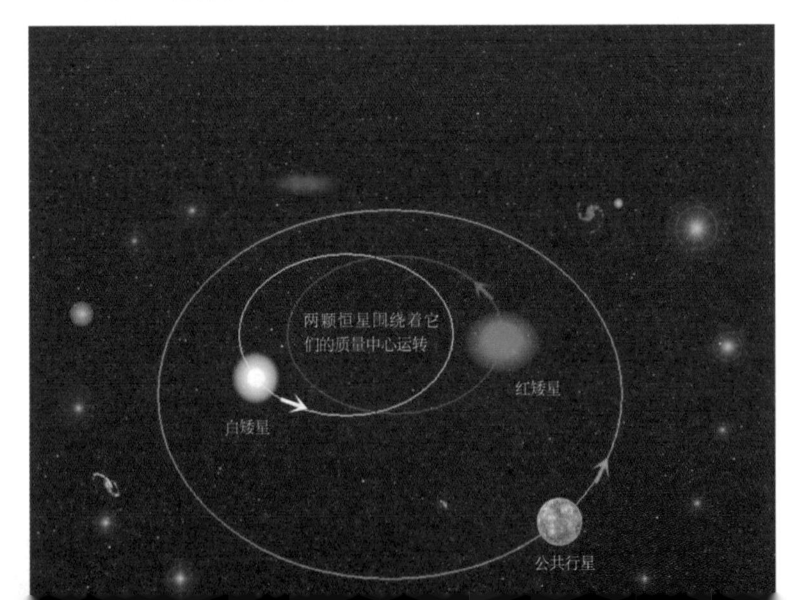

天地向它靠近，它们之间的距离越来越近。总有一天，相互之间强大的引力会让它们融为一体，在融为一体之前，它们会大打出手，其结果会怎样，当然作为母亲的红矮星不是白矮星的对手，它会被白矮星彻底摧毁。

当距离近到一定程度的时候，红矮星会受不了，它的物质会一点点地从自己的身上飞出来，飞向白矮星。白矮星不会一下子把红矮星的物质吞噬掉，而是让这些物质形成一个大圆盘。大圆盘是螺旋形的，一圈又一圈，围绕在白矮星的身边。最靠近的那一圈首先落入白矮星，然后就一发不可收拾，后面的物质继续跟上，最后全部落入白矮星。

白矮星也许还有一点良心，不会把伴侣的物质全部吃掉，它还会把一些物质发射出来，这些发射出来的物质，远远看上去，就像是一个柱子那样，从大圆盘的中间穿过，柱子的中心就是白矮星。这种结构看上去就像是一个糖葫芦，只是却只有一个糖球。尽管白矮星对待伴侣还有一点怜悯之情，这点怜悯也是少得可怜，它通过这种方式发射出来的物质仅仅是吸收物质的十分之一，其他的都被自己吞噬掉了。

这就是一个星球吞噬另一个星球时候出现的奇怪场景，真想不通它们之间为什么会采取这种方式，但是宇宙的定律要求它们必须要这样。

孤儿行星

行星的父母就是在这样激烈的运动中消失了一个，那是一个绝对激烈的过程，作为一个孩子，它无法阻止父亲的这种暴力行为，它也会在这场暴力行为中遭受到巨大的伤害。

作为一颗行星，它的命运可能会有三种，如果白矮星太狂暴了，它也许会随着红矮星一同被吞噬，毕竟，跟红矮星相比，它的质量更小，它的质量只有木星质量的5倍，远远抵抗不住白矮星的引力。

第二种命运是，失去了母亲，它只能跟着父亲，跟着白矮星继续待在原来的地方，本来，它的轨道是稳定的，失去一个红矮星，三者之间的引力将不再平衡，行星就像头重脚轻那样，它必须找到一种新的平衡，于是它的轨道将会发生改变。它究竟怎么改变自己的轨道，这是一个十分复杂的问题，那不仅要取决于三颗星球之间的相互距离，还要取决于三者之间的质量大小。

行星的命运可能还会出现第三种结果，在白矮星吞噬掉红矮星之后，会引发一场大爆发，大爆发的气流会猛烈地向宇宙四周扩散，这种气流也会吹到行星的身上，它微小的身体根本抵抗不了这种狂暴的气流，它会被吹得离开这个是非之地，这也是它的伤心之地，它会带着满身的伤痕离开这里，踏上星际流浪之路，从此成为行星孤儿。

热气腾腾的冰世界

地外家园的明星

2009年，美国的一些天文学家在观测日外行星，确切地说，他们在寻找日外行星，他们的装备仅仅是口径40厘米的望远镜，这是小型的望远镜，远远赶不上天文台那些大口径望远镜，但是，他们使用的是八台望远镜组合在一起的系统，这让他们有很好的观测能力，能够发现恒星的摇摆。如果恒星发生了摇摆，那就能证明它有行星，行星对它产生了引力，才导致了恒星的摇摆。这个名为M地球的天文研究小组运气真不差，他们找到了一颗大目标，这颗行星就是GJ1214b，这颗行星是小个子行星，跟地球没有太大的差距。更难能可贵的是，它距离地球也很近，仅仅有40光年的距离，这和那些几百光年的行星比起来，更容易到达，我们的电视和无线电信号，可能都到达了那里。

行星GJ1214b从被发现的那一天起，就成为日外行星研究的大热门，它成为地外家园的明星，人们急切地想知道那里的状况。于是，小型望远镜发现它之后，大型望远镜开始登场，都把目标对准了它。

GJ1214b是大水球

当行星从恒星面前经过的时候，就会遮住恒星的光芒，出现这种情况就叫做凌星，GJ1214b从恒星面前经过的时候，会让恒星的光芒变得暗淡一些，根据具体暗淡了多少，也能够大概知道它的个头大小，大望远镜的观测得知，它的体积是地球的2.7倍，质量是

地球的6.5倍，既然知道了质量，也知道了个头，就可以很容易地知道它的密度是多少，GJ1214b 的密度约为2克每立方厘米。

它仅仅比水重一点，水的密度是1克每立方厘米，如果把这颗星球放到水里，它刚刚能沉没。这样的密度远远赶不上地球的密度，地球上不仅有水，还有陆地，还有各种金属矿物，抛开各种物质的比例，我们知道地球的平均密度是5.5克每立方厘米。那么，密度为2克每立方厘米的这颗星球究竟是由什么组成的？这个问题让科学家费尽了脑筋。

天文学家意识到有两种可能，第一种可能是，它有较小的岩石核心，外加一个非常大的氢气层，干脆说它就是一大团氢气包裹着一些石头。另一种可能是，它有一个较大的岩石核心，核心外围是深深的海洋，海洋再外面就是大气层，只不过这个大气层是水汽和氢气并存的大气层，而水汽占多数。说的是两个问题，其实就是一个问题，那就是它的岩石有多少？或者也可以问，它的大气层是水汽还是氢气。

现在天文学家有了答案。2013年，当GJ1214b发生凌星的时候，日本科学家使用斯巴鲁望远镜也研究了这颗行星，发现水是大气层的主要成分。这样就放心了，它并不是一颗大氢气球，不是氢气包裹着的一小块岩石核心。它有较大的岩石核心，整个星球约由75%的水和25%的岩石构成，由此比例可以看出，它基本上就是一颗大水球，其结构跟地球差不多。

热气腾腾的冰世界

GJ1214b的恒星是一颗红矮星，这颗红矮星显得十分昏暗，亮度只有太阳的三千分之一，虽然温度并不高，但是它们之间的距离太近了，GJ1214b每38小时就能围绕着恒星转一圈，它与恒星仅距209万千米，这里的温度能达到230摄氏度，按理说，这里的水该沸腾了，沸腾的水蒸发到空气中去，变成了蒸汽，这里是热气腾腾的水世界。

但是，问题是复杂的，这里可能不是热气腾腾的水，而是不可思议的另一种情况，这里可能是热气腾腾的冰世界。

冰给我们的概念总是寒冷的，它几乎就是寒冷的代名词，在地球表面，水在零度的时候就会结冰，要想让它持续地存在，就需要更低的温度，但是在这颗行星上，我们的观点完全被改变了。

在地球表面，一个大气压下，水在零度的时候就会结冰，但是在GJ1214b这个星球上，大气层很厚，大气压在海面上，产生巨大的压力，水在这么大的压力下，不到零度就已经结冰了，这里的

温度是230摄氏度，这里的冰是热冰，在海面上，会存在热气腾腾的冰，热冰覆盖着整个星球，即使是海面上没有热冰，那么在海洋深处，压力更大，也会形成热冰，在这颗星球上，巨大的压力和温度会导致热冰的形成，这里是一个热气腾腾的冰世界。热冰等于陆地，可以让人行走，但是也不要简单地认为可以居住，大气压力会让你受不了。

红矮星身边的第二地球，一半是地狱，一半是天堂

发现第二地球，是喜还是忧

很多有房子住的人，都买了第二套房子，他们希望给自己另一个空间，对于整个人类来说，也存在着这种相同的意识，我们居住在地球上，同时还希望能尽早找到一个第二地球，给自己准备另一个生活空间，等有一天，我们可以移民到那里。

为我们找到一个适合居住的第二地球，天文学家们欣然接受了这个任务，他们把望远镜对准那一颗颗恒星，像我们太阳一样的类日恒星，希望在它们的身边能够找到一颗行星，这颗行星借助恒星的光芒，得到足够的光明和热量，那里就是我们的第二个家园，那里就是第二地球。

1995年，欧洲人发现了第一颗太阳系以外的行星，尽管这个行星跟我们地球的情况相差太远，但还是让我们感到欣慰，毕竟寻找太阳系以外行星的步伐跨出了实质性的一步。

欧洲人的成功也激励着美国人，双方在寻找太阳系以外行星的道路上展开了一场你追我赶的较量，再加上其他各国天文学家的努力，目前，人们发现的太阳系以外行星总数量已经超过200多颗，可是符合我们要求的却迟迟不肯露面。

第二地球必须要出现在一颗类日恒星的身边，类日恒星给它带来光芒和热量，这种习惯性思维一直主宰着我们的头脑，人们一直按照这样的思维模式去寻找，似乎忘记了一个非常重要的事实，那就是类日恒星距离我们都十分遥远，基本上都在几十光年以外，如果我们真的找到了一颗合适的日外行星，那么我们怎么去那里呢？

要知道，当代的航天技术还是十分落后的，载人航天器还没有飞出过月球轨道，对于几十光年外就更加一筹莫展了。所以，在类日恒星身边发现一颗第二地球，只能让我们兴奋片刻，片刻之后，又要犯愁，不知道如何去那里。

红矮星是恒星家族的二等公民

与类日恒星距离我们的遥远不同，红矮星就距离我们十分近，几乎可以说就在我们身边。环顾太阳的周围，红矮星比比皆是，距离我们地球只有4.3光年的南门二就是红矮星，更远一些的地方，更是多得不可计数。最近一年多，科学家发现了十几颗红矮星，它们都在太阳系的附近，这是以前我们所不知道的红矮星。

如果说我们的太阳是正宗的恒星的话，那么红矮星就是次一等的恒星，它的名字已经很形象地说明了这一点，矮就是低一等的意思，它的质量达不到太阳那么大，一般只有太阳质量的三分之一。既然个头如此之小，那么它的发光能力也不高，它发出的是红光，这种颜色的光温度很低，一般只有3000多度，赶不上太阳的6000多度，有些红矮星发出的光还不及太阳光度的万分之一。所以，不论是个头，还是发光能力，红矮星跟太阳这样的恒星比起来，都要低人一等，它们是恒星家族中的二等公民。

论起身份，红矮星实在是微不足道，但是，红矮星却有着庞大的数量，据推算，在恒星的家族中，约有70%的成员是红矮星。过去，天文学家很不喜欢它们，偶尔发现一颗红矮星是一件讨厌的事

情，因为这不是他们要寻找的目标，但是，红矮星却大量地出现在他们的眼前，而且这些红矮星都在太阳系的附近，这么近的距离很让人感兴趣，这意味着路途很近，将来我们移民的时候，可以很方便地到达那里。

既然传统恒星周围不好找到我们需要的第二地球，那么为什么不关注我们的邻居呢？观念的转变让天文学家开始喜欢红矮星了，开始喜欢这个恒星家族的二等公民了。

红矮星与行星的贴面舞

红矮星那微弱的光芒让我们想起来就觉得可怕，如果把我们的地球放在它身边，因为得不到足够的热量，我们将会被冻僵，生机盎然的世界将不会存在。所以，对于红矮星身边的第二地球来说，它不可能距离红矮星很远，它必须距离红矮星很近，这样才可以得到足够的热量。一个距离红矮星很近的行星，它们之间的关系也会十分特别，它们之间在跳一种舞蹈，一种热情的贴面舞。

行星围绕着红矮星运行，这种运行的关系就像是二者在跳交谊舞一样，但是，这种交谊舞有些特别，行星将会热情地望着红矮星，不管舞蹈进行到什么时候，它的一面始终对着红矮星，好像在讨好红矮星。之所以如此，是因为它环绕红矮星运转一圈和自转一圈的时间是一样的。这并不是一种巧合，这是天体引力的安排，如果两个天体靠得很近的话，它们之间都会采取这种运行方式，也只有这样，它们之间才会稳定，否则的话，将会有两种结局：或者行星离开恒星，飞向遥远的星系外侧，或者行星距离恒星越来越近，最后会落到恒星上。

行星热情地望着红矮星，这也仅仅是一厢情愿的单相思，如果红矮星也拿出足够的热情，永远望着行星的话，那就成为两情相悦了，如果是这样的话，那么行星的自转周期和公转周期以及红矮星的自转周期都需要相同的时间，这个时候，它们之间的引力关系将会是最稳定的，跳交谊舞的双方都深情地凝视着对方。

这种关系对我们来说并不陌生，我们只能看到月球的一面，地球跟月球就是这种一厢情愿的关系，至于两厢情愿的关系，太阳系也有，冥王星跟它的卫星卡戎就是两情相悦的关系，它们在亲密地跳着贴面舞。

红矮星和行星靠得很近，它们之间就会维持这两种关系，这两种关系的存在解决了光照不足的问题，在红矮星的身边，不管是一厢情愿，还是两情相悦，跳这两种贴面舞的行星都会成为我们需要的第二地球。

一半是天堂，一般是地狱

当一轮明月高挂在夜空的时候，我们都喜欢谈论月亮上的景观，不管你身在何处，只要在地球上，看到的月球景观就会是一样的，因为月球是以一厢情愿的热情面孔对着地球。谈论月球景观的人们忘记了改变方位来思考一下，想一想月球人看到的地球是一种什么样的景观。如果有人站在月球的背面，那么他就永远也没有机

会看到我们这个美丽的蓝色星球。

月球人看不到地球，这真是一种严重的遗憾，很不幸的是，这种严重的遗憾也会发生在我们地球人身上，发生在我们的未来家园——与红矮星相伴的第二地球上。

既然跳交谊舞的行星一厢情愿地望着红矮星，那么毫无疑问，一个站在行星上的人只要一抬头，就可以看到红矮星，这里一直是白天，这个人根本就不知道黑夜是什么样子，这里没有黑夜，只有红矮星高挂在天上，它就是这个行星的太阳，带给大地光明和温暖，滋润着万物的生长，这个地方就是白半球，是适合我们生活的地方。

与白半球相对应，这个行星上的另一面是黑半球，这里的人根本就没有机会看到红矮星，他们永远处于黑暗之中，悲哀的他们根本就不知道这个星球的另一面是一个生机盎然的世界。

天堂是不存在的，地狱也不存在，它们只是我们头脑里幻想的

世界。但是，在第二地球上，不仅存在着天堂，也存在着地狱，天堂就是白半球，那里是我们可以生活的地方，在黑半球，因为永远看不到红矮星，将会异常寒冷，那里就是地狱。天堂和地狱这两个完全不同的概念居然同时出现在第二地球上。

两边是地狱，中间是天堂

很多人小时候做过一种恶作剧，把一个凸透镜对着太阳，汇聚阳光照射地上的蚂蚁，蚂蚁在高温的照射下，或者被烧死，或者四处奔逃。不要这样虐待蚂蚁，在第二地球上，我们也许跟蚂蚁一样面临着同样的命运。

红矮星的光芒照射在行星表面的白半球，在白半球的中心地带，光线最强，这里就如同凸透镜照耀下的光柱的中心，也将会异常炎热。长期的炙烤和直射并不是主要的原因，如果这个行星距离红矮星太近了，或者红矮星的温度太高了，都会导致这里产生高温局面。

但是，人类并不会像蚂蚁那样乱跑，人类会向着光柱的外侧迁移，在光柱的四周建立起来家园，如果温度还是高的话，那么我们就继续向后退，不要担心没有退路，要知道，这个星球的另一面是一片黑暗，那里极为寒冷，在这冷和热之间，总是可以找到温度适合的平衡地带，这个平衡地带就是我们的栖息地。

如果在这个光柱的边缘还是热的话，那么我们就不得不继续往后退，一直退到黑半球和白半球相互交接的地带，这是一个环绕行

星一圈的圆环地带，很像行星勒在腰间的皮带，但是，这个皮带不是勒在赤道上，而是跟这个行星的赤道正好垂直，横跨行星的南极和北极，这个腰带就是我们可以栖息的地方。

在这个栖息地带，一个人想要到远处去旅行，那么他就只能顺着腰带向前走，因为两边都不能去，一边是炎热的地狱，一边是寒冷的地狱，他只能在这颗行星的腰带上活动，环绕整个星球，最后还会回到原地。

我们的栖息地如此的奇特，这大概是科幻作家们也没有想到的，站在这里，可以看到太阳——红矮星低挂在天边，那边的天空是白色的，而另一面的天空却是黑色的，如果一个地球人刚来到这里，那么他一定会疑惑：这究竟是黎明还是黄昏？

外星家园的景候

把我们未来的家园搬迁到太阳系以外的某个星球上，这是很多人的梦想，乐观的人们认为在浩瀚的宇宙中一定会找到未来家园。那是一颗像地球这样的行星，围绕在一颗像太阳这样的恒星周围运行，这颗行星距离恒星不远也不近，正好可以得到合适的阳光。

但是，现在已经发现的1700多颗日外行星中，还没出现符合这种要求的行星，或者说微乎其微。种种迹象显示，这种最理想的行星在宇宙中可能很少，我们未来的日外家园很可能跟我们想象的大不一样。白天过去了，黄昏之后黑夜来临，冬天过去了，春天之后夏天来临，除了南北极太冷之外，整个地球都可以居住，这些理所当然的自然规律需要改一改，我们需要适应另一个家园的特别环境。

在那个被我们当作是新家园的行星上，我们不妨把日照景观、气候特征以及行星上可以看到的星空景观合在一起，称之为“景候”。各种各样的家园上会有各种各样的景候，那里的景候只怕科

幻作家的头脑也难以想象。如果仔细分，未来家园的景候可以分为四大类，分别是没有自转的行星、有自转的行星、椭圆轨道的行星、围绕多颗恒星运转的行星，其中以没有自转的行星上景候种类最多。

没有自转的行星

现在对日外行星的研究表明，未来的日外家园很可能是没有日夜变化的行星，整个行星分为两半，一半是永远寒冷的黑夜，另一半则永远在阳光下烘烤，我们的家园就在阳光烘烤的地方。不需要担心这里太热，因为那个太阳是一颗红矮星，红矮星的光芒并不强烈，我们的未来家园很可能是一颗红矮星的行星。

红矮星是恒星家族中的二等公民，论其质量，它没有太阳大，论起亮度，它也没有太阳亮，但是它们却有着庞大的数量，在太阳系的附近，很容易找到一颗红矮星，这让未来的移民变得很容易。

另一方面，红矮星的行星距离红矮星很近，这足以提供充足的热量。一般来说，与红矮星保持较近距离的行星，会处于一种被称为引力锁定的关系，行星在围绕着红矮星运行的时候，只有公转而没有自转。这就使得行星的一面总是受到光照，而另一面永远也得不到光照。

没有日夜变化，这是未来家园的一种奇特景观，这种景观也会带来另外一种全球性的气候特征，白半球有足够的热量，而黑半球处于寒冷之中。如果仔细分，没有自转的未来家园上，景候可以分为五种，这五种情况在格利泽581行星系统的多颗行星上都有可能存在。

1. 宜居圆

这是一个地狱与天堂并存的世界，由于行星没有自转，行星只有一面受到红矮星的照射，这里就是白半球，是生命的天堂。行星的另一面永远接受不到阳光就是黑半球，黑半球被黑暗笼罩着，黑半球非常寒冷，那里是生命的禁区。

在这样的行星上，虽然红矮星可以照射到整个半球，但是因为红矮星的光芒稍微暗淡了一些，在白半球的边缘地带还是很寒冷的，在这里阳光是斜射的，接收到的热量有限，这里不支持生命的存在。所以在地狱和天堂之间还多出来这么一个大圆环，它虽然属于白半球却不能生存，能让生命存在的地方是受到阳光直射的大圆块，叫做宜居圆。

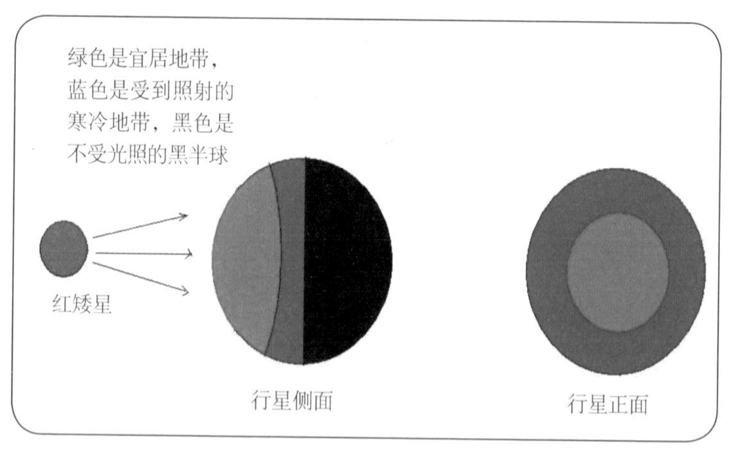

宜居圆

2. 宜居半球

宜居圆的原因是因为红矮星的光芒不够强烈，导致被它照射的边缘地带温度较低。如果红矮星的光芒再强一些的话，那么很明显，在宜居圆的外侧，那些不能生存的大圆环也能具有足够的温度，那么整个白半球都可以让生命生存，这就是完完整整的白半球，整个半球都可以生存。

在白半球和黑半球的边缘地带，可以看到太阳处于地平线上，就如同黄昏或者黎明，但是，太阳永远也不会升起来，而且永远也不会落下去。相反的另一面，就是黑暗的世界，这里就是地狱与天堂的界限。

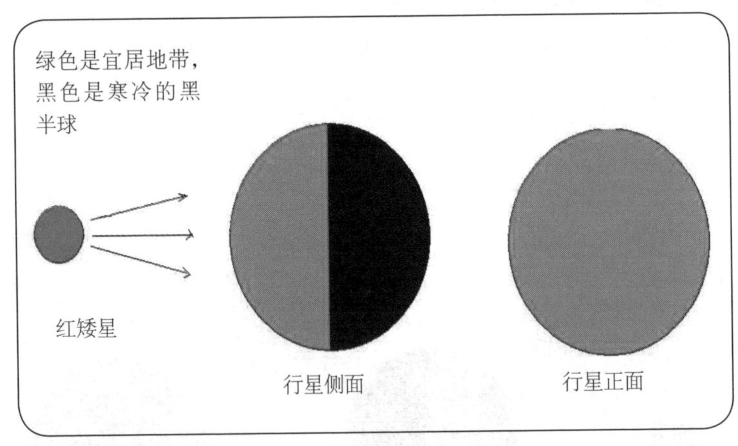

宜居半球

3. 宜居白环

在宜居半球中，位于红矮星直接照射的地方，太阳就在头顶上，温度会很高，如果这里温度太高了，不适合居住，那么这里的人们只能向后方撤离，避开阳光的直射，那么能适合人们居住的地方就是一个大圆环，它围绕整个行星一圈。

在这里的人们，可以面对两个截然相反的世界，一边是炎热的白天世界，另一边是黑暗的寒冷世界。他要去旅游，两边都不能去，他只能往前走，环绕整个行星一圈，最后又回到起点。

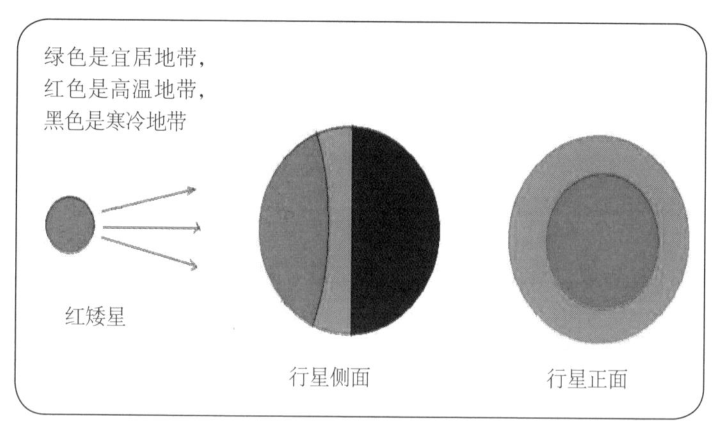

宜居白环

4. 宜居黑白环

在宜居白环的世界中，如果红矮星的光芒还是强烈，那么这里的人们只好继续后退，不要担心没有合适的地方，在一半冷一半热的两者之间，一定会有合适的地方，最后，他们会在黑半球和白半球之间找到居住带。这样的居住带，一半在黑半球，一半在白半球。这个居住带把整个行星平分为两个相等的黑半球和白半球。

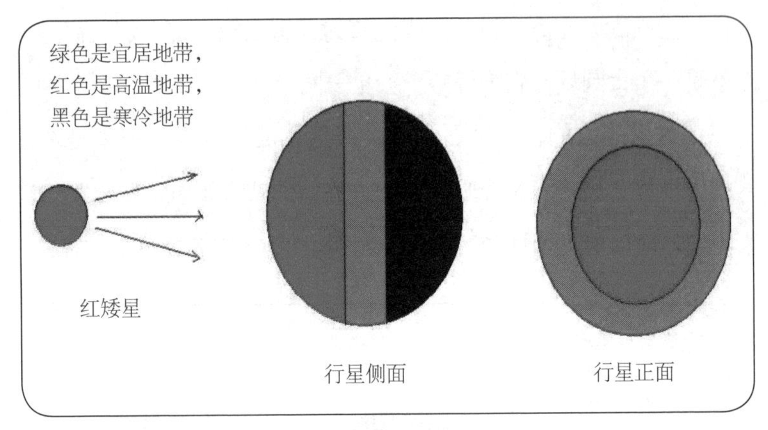

宜居黑白环

5. 宜居黑环

在宜居黑白环的世界中，如果红矮星的光芒还是强烈，那么这里的人们就不得不继续往后退，退到黑半球中去。这里是黑半球的边缘地带，也是围绕着整个行星一圈，所以叫做宜居黑环。

生活在这里的人们是很不幸的，这里的人们不能直接看到红矮

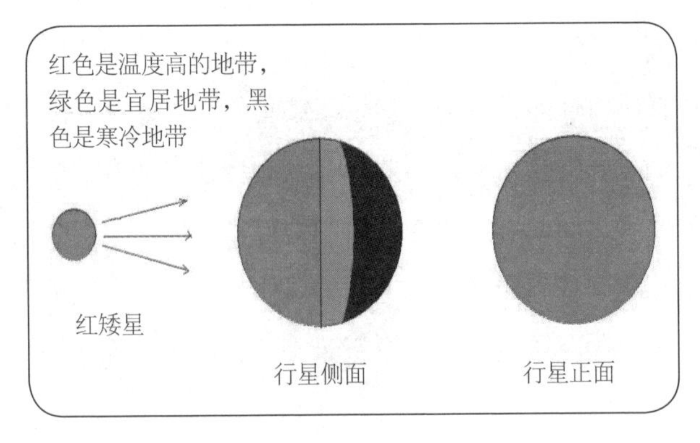

宜居黑环

星，只能看到地平线上的曙光，暗淡的曙光能够给大地上的植物少量的光照，所以这里的植物生长不会很好。毫无疑问，他们向另一边看的时候，那里就是黑暗的寒冷世界。

有自转的行星

在某些红矮星的身边，如果行星距离它比较远，只要红矮星的光芒足够强，那么这样的行星上也能适合生命存活。这样的行星不处在引力锁定的状态中，所以它是有自转的，正因为如此，这样的行星上是有白天黑夜变化的，这一点跟我们的地球没有多大区别。另外，跟太阳差不多的恒星，身边的行星也属于这种状态，也有黑夜和白天的变化。

虽然这样的行星跟我们的世界差不多，但是还是会出现一些区别，这样的世界有三种情况。

1. 宜居带

如果这里的阳光不够强烈，或者说这颗行星距离恒星比较远一些，很明显，这里得到的阳光是不够充足的，在赤道地带阳光会很强烈，足够温暖，那么我们就要尽量生活在赤道地带。只有赤道地带很窄的范围内可以生存。这个赤道带围绕着整个行星，这样的居住地带可以成为宜居带。

除了赤道地带之外，其他地区都是很寒冷的。在宜居带生活的人们，他们的日夜变化跟我们地球上一样，至于那里的四季变化，

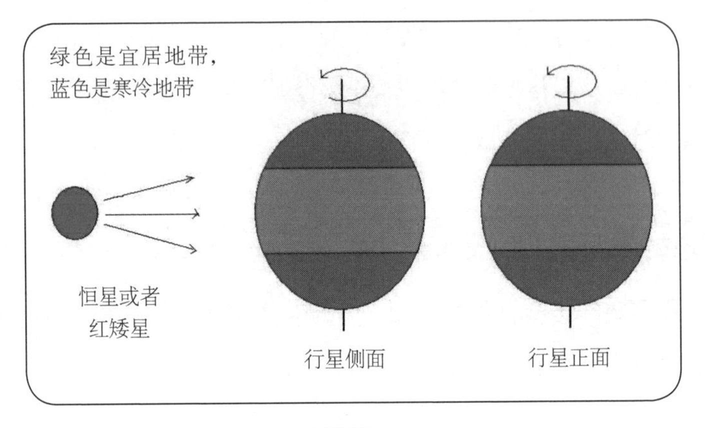

宜居带

也不会很明显。只是不知道那里的一天是多长时间，是否适合我们的习惯。

2. 宜居瓣

当恒星的光芒太强烈，或者说行星距离它太近了，那么这颗行

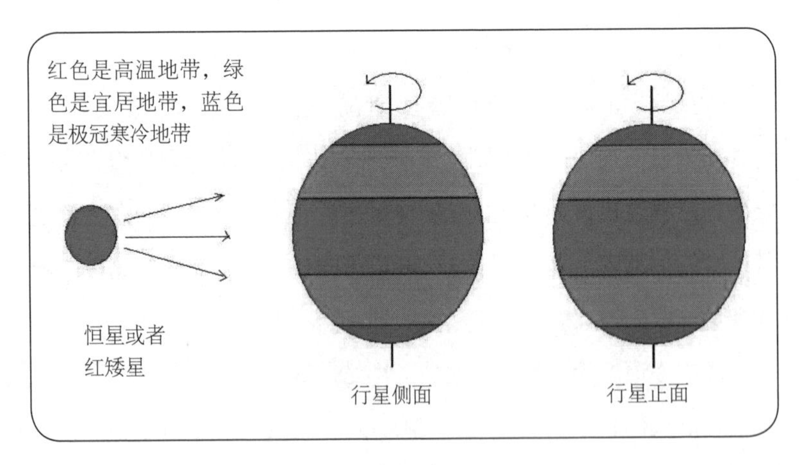

宜居瓣

星上热量就会太多了，很明显，赤道地带就会很炎热。这里不适合人们居住，人们只能远离赤道，生活在南北两个半球上，这里有日夜的变化，四季变化也会很明显。

但是，南极和北极是寒冷的，那里不能生存，人们只能生活在低纬度地区，这两块地区被称为宜居瓣。

宜居瓣分为两个部分，一块在南半球，一块在北半球，它们被赤道的高温分开，成为两个独立的世界。在宜居瓣生活的人们，会遇到非常明显的四季变化，北宜居瓣的人们处在冬季的时候，南宜居瓣的人们则处在夏季。

3. 宜居冠

在宜居瓣中，如果阳光还是强烈，那么人们只能躲到更高纬度的地方，那就是行星的北极和南极，这是极冠地区。

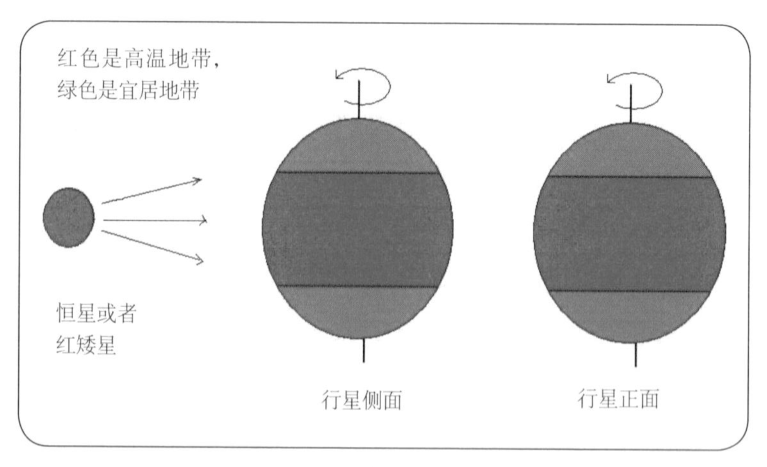

宜居冠

生活在这里的人，是很浪漫的，这里会跟地球上的南北极一样，出现太阳不落山的景观，那就是极昼，还会遇到太阳始终不出来的极夜现象。至于壮美的极光，在这里是家常便饭。

生活在这里的人，也是很悲哀的，如果行星的自转轴倾斜度较大的话，在冬季的时候，极冠地区就会因为长时间接受不到光照而变得非常严寒，他们只能等到春天来临的时候才能活动。在这里，年这个概念已经没有意义，它跟天这个概念几乎一样。

如果南北两个宜居瓣都进化出来了智慧的生命，它们都无法越过炎热的赤道地带，所以他们也都不知道在这颗行星的另一半球，会有另外一些人类。

轨道椭圆的行星

地球围绕着太阳运行，它的轨道基本上是正圆的，实际上，行星的轨道一般应该是椭圆的，像地球轨道这样的接近正圆形是一种特别的情况。如果未来家园的行星轨道是椭圆的，那就会出现很奇怪的景象。

当行星远离恒星的时候，温度会很低，当它靠近恒星的时候，温度就会上升，行星自转一圈会有两次远离恒星，也会有两次接近恒星。但它接近恒星的时候，温度就会升高，远离恒星的时候，温度就会降低。

这样的行星上，一年不是地球上的春夏秋冬四个季节，而是两个暖季，两个寒季，这四个季节交替出现。

行星逐渐靠近恒星的时候，暖季来临，当庄稼生长结束的时候，寒季也就来了。当行星回归的时候，又靠近了恒星，于是暖季再次来临。这里的一年，庄稼有两次独立的生长机会。这样的行星系统目前还没有发现。

围绕多颗恒星运转的行星

像我们地球这样只有一颗太阳的情况是很特别的。很多情况下，恒星都是好几颗聚集在一起，双星是最常见的形式，除此之外，还有三合星、四合星乃至七合星，所以，未来的家园上，有多颗太阳的情况也是不少的。

在这样的行星上，多颗太阳会轮流升起来。在这里，夜晚这个概念已经没有什么意义。这样的行星上，出现掩星现象不像地球上那么稀罕，日全食成为家常便饭。

一般来说，两颗太阳的情况比较多，其次是三颗太阳的也不少，会有一颗主要的太阳，另外两颗太阳是附属的，附属的太阳光热不是那么强烈，行星系统 HD 188753 就属于这种情况，这里会出现三颗太阳。

人类未来的家园也可能在某颗行星的卫星上，恒星的行星如果靠得很近的话，出现一轮巨大的月亮是很可能的，行星遮住太阳，虽然让我们感到很新鲜，但是在这里会天天发生。

给日外行星测量密度

日外行星身体如何

研究太阳系以外的行星，给地球人类找一个合适的家园，这是当代天文学家热衷研究的课题，到2014年2月为止，天文学家已经确定了1700颗太阳系以外的行星，但是，这些行星中绝大多数是气体行星，也就是像木星那样的气体虚胖子，它们绝不是我们要找的目标。

现在天文学家比较关注的是个头较小的行星，而且能够有岩石表面，这样与地球情况比较接近的行星被称为超级地球，超级地球已经找到不少了，它们的身体如何？也就意味着是否适合人类居住，尤其是个头大小如何？以及质量是多少？进一步就可以知道它的密度，密度可以告诉我们很多情况，比如该行星上是否有水，是否有大气和岩石表面。要想得到这些数据，就需要使用到各种精细的天体测量技术，这些技术最近十几年刚刚发展起来。

要想知道一颗天体的密度，首先，要测量天体的体重。这可不是一件简单的事情，太空中没有这么一杆秤，就连我们测量地球的体重也不能直接测量，而是通过一系列复杂的计算。测量天体的体重当然也不能直接使用一杆秤，是使用多种方法的组合，最后通过计算得出结论。

事实上，体重也就是引力，说一个人有多重，就等于说地球对他的引力有多大，引力才是测量中最重要的要素。任何天体之间都存在着引力，这就为我们测量天体重量准备了条件。利用两个天体之间的引力关系，可以发现很多特殊的现象，从这些天文现象中，就可以发现一些蛛丝马迹。

开普勒望远镜

凌星可以测量大小

行星在围绕着恒星运行，当它走到恒星前面的时候，就发生了凌星，这时候，行星遮住了恒星，但是它的体积实在是太小了，仅仅能遮住恒星光芒的一小部分，让它的光芒暗淡一些，变暗的幅度大约是原来亮度的万分之一。具体变化是多少，就可以知道行星的大概体积。但这仅仅是估计，数字还是太模糊。

美国宇航局的开普勒望远镜就是研究太阳系以外行星的，它主要使用凌星方法来寻找行星，在这方面成绩卓著。但是，这个望远镜已经出了毛病，帮助它确定方向的反应轮失效了，寻找系外行星难以胜任，但这并不表明它退休了，它还能够做另外的工作。

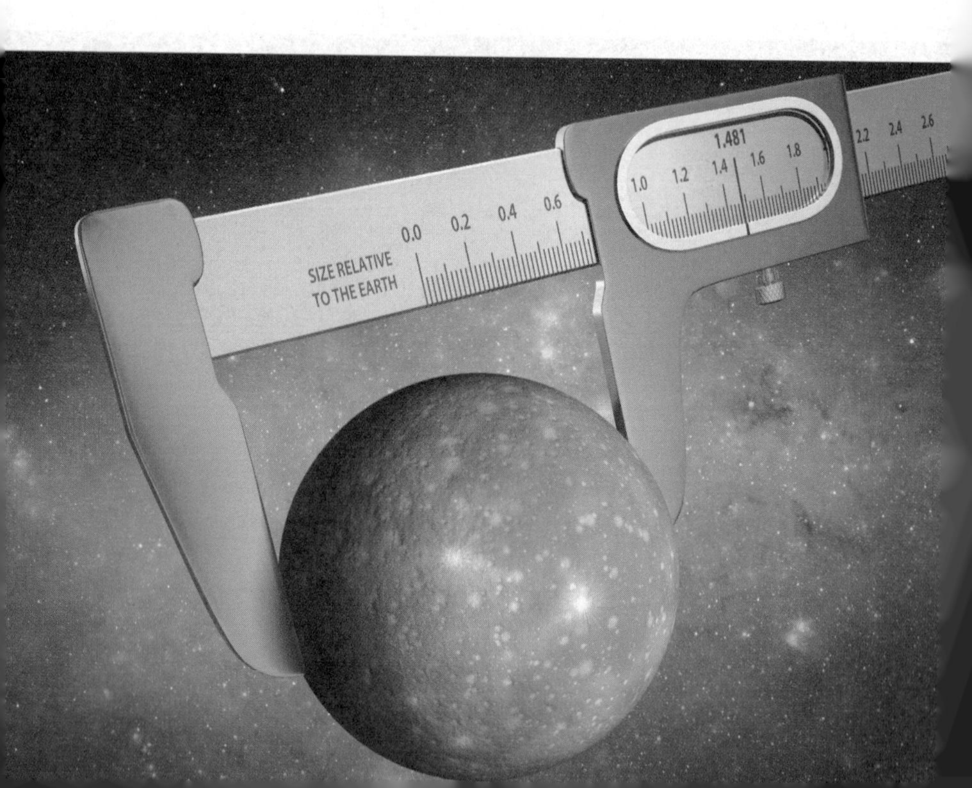

它联合斯皮策空间望远镜，给开普勒 -93b 这颗行星测量了体积大小，它们运用了最新的观测方法，并且综合了多次凌星的观测结果，两架太空望远镜联合测量的结果显示，这是一颗超级地球，直径是18800千米，直径误差大概是240千米，似乎这个误差数值很大，但这已经是最精确的了，要知道，这颗行星在距离我们300光年远的地方，这么远的距离能测出这样的结果，已经是一个了不起的大成绩。

从开普勒 -93b 的直径可以知道它的半径，由此可以计算出它的体积，它的体积相当于地球的1.481倍。

摇摆舞测量体重

每一颗行星都在围绕着恒星运转，行星在围绕着恒星运行的时候，也会产生对恒星的引力，让恒星出现左右摇摆，就像是跳摇摆舞那样左右晃动，如果行星与恒星的质量相差不是很大，它们之间的摇摆舞就跳得非常明显，很容易观测到它们之间的摆动，从而更容易寻找它们。这种引力关系也提供了它们之间的质量关系，可以较为方便地确定行星的质量。

幸好，除了太空望远镜之外，地面上还有巨大的凯克望远镜，它对这方面的研究测量很在行，它得出了结论，开普勒 -93b 的质量是3.8倍地球质量，质量也就是这颗行星的体重。

开普勒 -93b 直径为18800千米，那么半径就是9400千米，这很容易计算出它的体积，体积知道了，质量也知道了，那么很容易就计算出它的密度。它的密度告诉我们，这颗天体有坚硬的岩石，它还应该有铁质内核，或者是其他较重的金属元素。从它的密度来看，这里跟地球差不多，适合我们居住。但是，它距离恒星实在是太近了，相当于水星距离太阳的六分之一，这导致极高的温度，远远超过我们能承受的最低温度，这里不适合人类居住。

观测日外行星的白天

掩星成为研究日外行星的主要方式

1995年年底，瑞士天文学家梅厄发现了第一颗太阳系以外的行星，这就是飞马座51b。在此之前，寻找日外行星的工作仅仅是理论上的讨论，从来没有一点进展，很多人以为这仅仅是偶然，但事实却不是这样，仅仅几个月之后，美国的研究团体也宣布，他们找到了另外两颗日外行星，从此之后，日外行星开始一颗颗地出现在天文学家的视野里。

发现日外行星，目前有四种方法。恒星对行星有引力作用，行星反回来也会对恒星产生引力作用，这会导致恒星发生摇摆，只要观测恒星是否发生摇摆，就可以知道它是否具有行星。还可以采用大质量天体产生的引力透镜来寻找日外行星，这两种方法都跟引力有关。发现日外行星，还有另外两种方法，都跟光谱有关，发生摇摆的恒星，它的光谱也会发生变化，导致多普勒效应，观测光谱变化，就可以判断它是否摇摆，也就知道它是否有行星。这其实是摇

观测日外行星的白天示意图

摆法的另一种运用。第四种方法最为直接，它是观察掩星来寻找行星，发生掩星的时候，行星从恒星的面前经过，这时候会观察到恒星的光度减弱了，之后又会增亮，如果这种光度变化具有周期性，就可以判断它有行星。

掩星仅仅是观测光度的变化就可以得出结论，判断恒星是否有行星，多普勒效应就不一样，它需要研究光谱才能得出结论。但是，现在科学家发现，在掩星的时候，研究光谱可以得出更多的结论，在研究日外行星的道路上，光谱还可以得到更广泛的应用。

利用掩星来寻找日外行星，让天文学家意识到，当行星遮挡住恒星的时候，恒星的光芒会穿过行星的大气来到我们的望远镜，进入到光谱仪中，这不是纯粹的恒星光谱，它必然受到行星大气的影响，研究这样的光谱，我们就可以知道行星大气层中的一些化学成分。于是，我们就可以知道那里是否有氧气，那里是否有二氧化碳，那里是否适合我们地球生命生存。

掩星不仅让科学家找到了日外行星，这个时刻观察光谱还提供了更多研究它们的渠道，于是，掩星也就成为研究日外行星中，最有价值的研究渠道。

行星上的白天和黑夜

未来可能移民的行星绝不是我们想象的那样，那里可能没有白天黑夜的变化，未来适合我们居住的行星，很可能是一颗红矮星

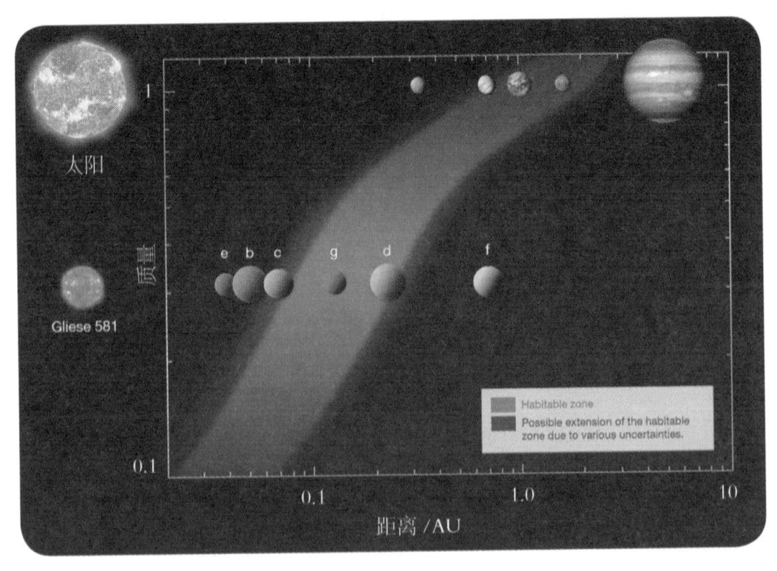

格利泽581和太阳系的居住带比较

的行星，它会在红矮星的引力锁定范围内，成为一颗没有自转的行星，在这样的行星上，也就没有白天黑夜的变化，我们只能居住在永远白天的地带，在受到阳光照射的地方享受合适的温度，至于这颗行星的另一半球，那里是永远的黑夜，因此寒冷而无法居住。

在这样没有白天黑夜变化的星球上，也就没有天这个时间概念，因为没有自转，但它却有公转，它的公转没有造成地球上的春夏秋冬四季概念，它围绕着恒星运转一圈所需要的时间也不可能是地球上的365天。在那遥远的日外行星上，公转一圈需要多长时间都有可能，也许是几十天，或者是几天，更有可能是几个小时。

天文学家对这些概念并不感兴趣，他们感兴趣的是行星环绕恒星运行一圈的时间，分处在恒星身边不同的位置，这些位置很重要，当它处在恒星前面时，当它处在恒星侧面时，等它处在恒星后面时，都具有特别的意义，综合研究各个时段的光谱，会得到很多信息，特别是观测它们的白天。

当行星从恒星面前经过的时候，我们能看到的是行星的夜晚，它的白天，也就是能够反射恒星光芒的一面我们看不到。当它将要进入到恒星后面的时候，就与恒星站成一排，这时候它与我们的距离远于恒星，相当于站在恒星的后面，恒星还没有遮住它的时候，我们看到的就是它的白天。

行星的白天面对着地球，还有一个机会，那就是当它从恒星背面即将转出来的时候，它也在反射恒星的光芒，把恒星的光芒反射向地球。在行星公转的一个周期内，这是两个重要的时刻，这样的时刻也就相当于它的两个季节，这时候也就是研究它光谱的大好时机。它反射了恒星的光芒，这是没有受到恒星光谱干扰的，行星独立的光谱。

光谱带来的信息

把一束光引进三棱镜，在三棱镜的后面就会发现光被分解成七色光，这就是光谱，光谱可以告诉我们很多信息，告诉我们发光物的化学成分，现在光谱仪装载在大型望远镜上，可以分析星光的成分，告诉我们那里的物质组成。对于研究日外行星的天文学家来说，光谱仪可以帮助他们分析行星大气层中的化学成分。

行星不发光，但是它可以反射恒星的光，具体反射什么样的光，取决于这颗行星的大气，大气中的特定分子会在特定的波长上吸收反射光，当它走到恒星的背后的时候，反射光突然消失，在这个明确的时间，那些特有的反射光不见了，通过在不同波段来观察，再与恒星的光比较，就可以知道这颗行星的大气层包含哪些化学元素。

红矮星的行星

行星的反射光突然消失，这个过程被称为次食，

它让整个系统的光亮度仅仅减少万分之一，对于整个系统来说，这相当于在一千公里之外的一支蜡烛的光芒，这很难被发现，但是已经观测到了这种现象。2005年，太空中的斯皮策望远镜就观测到HD209458b的次食，还观测到HD189733b的次食。

观测到日外行星的次食，让寻找日外行星的科学家十分兴奋，研究凌星和次食这两个时段的光谱变化，就可以判断出一个行星上的大气成分，进而判断那里是否适合我们生存。

2013年，当GJ1214b发生凌星的时候，日本科学家使用斯巴鲁望远镜也研究了这颗行星，发现它的光谱在大范围波长上毫无特色，这表示这颗行星的浓密大气有水蒸气。而且还证明，水是大气层的主要成分。此前，知道它是一颗包含大气的岩石行星，但是不知道它浓密的大气是不是氢气。

GJ1214b距离恒星太近了，导致230多摄氏度的高温，水已经被高温蒸发了，虽然有水也有大气层，却不适合生命的存在。一般

斯皮策望远镜能分析行星大气成分

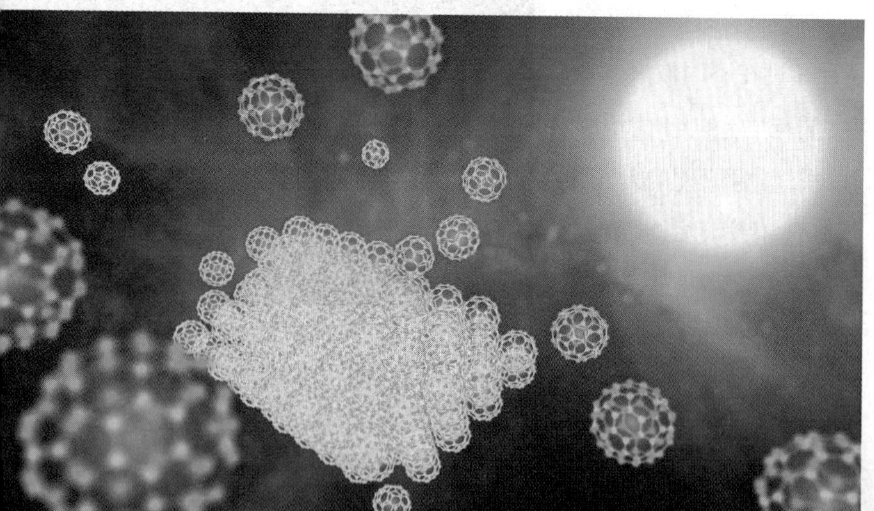

来说，在温度为一两千摄氏度的行星上，大气层中的绝大多数碳会跟氧结合成为一氧化碳，真正值得研究的是那些温度低于一千摄氏度的行星，这里的碳会跟氧结合形成甲烷，甲烷是生命存在的信号，另外，三个氧原子组成的臭氧也是生命存在的重要信号。

光谱技术可以把遥远行星上的化学成分告诉我们，早些年确定了一颗行星上含有钠元素，未来将会给我们带来更多有用的信息，它可能会带给我们更多让人惊喜的成果。

迎接新地球的到来

发现太阳系以外的行星从1995年开始，在这十几年的过程中，各种新的方法被利用起来，查看恒星是否跳摇摆舞，就知道行星与恒星相互之间的引力大小，进而知道行星的质量。观测行星凌星，就可以知道它对恒星光度的影响，进而知道它的体积大小。二者相结合也就知道了行星的密度，再从行星的密度判断它是不是我们并不需要的气体行星。像地球这样的岩石行星一直是天文学家追逐的方向，如果是岩石行星，那就需要提高注意力，努力观察它凌星的时候光谱发生的变化，进而知道它的大气中包含哪一些化学元素。

这一系列方法已经被当作是寻找新地球的重要方法，在这些方法中，任何一种方法的进步都会给寻找新地球的研究带来新的希望。天文学家主攻的方向是望远镜，当然并不仅仅是提高望远镜的视力，而是全方面地提高望远镜的观测能力。开普勒太空望远镜已经取得了丰硕的成果，它也是使用掩星的方法搜寻太阳系外类地行

星。开普勒太空望远镜在2009年被送入太空，共找出了2700多颗太阳系外行星。但是，2013年5月，开普勒望远镜出现故障已经无法修复，它退休了。

在此之前，2003年还发射了斯皮策太空望远镜，按理说，它更该退休了。更何况它是一台红外望远镜，也不是为了寻找日外行星发射的。但是，它在寻找日外行星的道路上，却取得了令人意想不到的成绩，它曾经多次观测到日外行星的次食现象，这让设计者惊喜不已。

虽然斯皮策太空望远镜的液态氮已经挥发完毕，不能让它保持在最佳的温度状态下工作，但是，它依然能寻找日外行星，美国宇航局准备对它的工作模式做一些更改，让它改行专门寻找新地球。

寻找宇宙中的另一个家园，在最近十几年成为天文学家最热衷做的事情，下一代望远镜都在筹划中，詹姆斯·韦布空间望远镜的研制经费一再增加，能力将会更强大，还有地面巨型麦哲伦望远镜，以及类地行星发现者，它是专门寻找外星家园的。这一系列望远镜的投入使用，将会带来全新的发现，新地球已经曙光出现，新地球即将走入天文学家的视野。

图书在版编目（CIP）数据

宇宙与人 / 北辰编著 . —北京：清华大学出版社，2015(2019.6重印）
（理解科学丛书）
ISBN 978-7-302-40736-2

I. ①宇… II. ①北… III. ①宇宙－青少年读物 IV. ① P159-49

中国版本图书馆 CIP 数据核字（2015）第162008号

责任编辑：朱红莲
封面设计：蔡小波
责任校对：刘玉霞
责任印制：杨 艳

出版发行：清华大学出版社
网 址：http://www.tup.com.cn，http://www.wqbook.com
地 址：北京清华大学学研大厦 A 座 邮 编：100084
社 总 机：010-62770175 邮 购：010-62786544
投稿与读者服务：010-62776969, c-service@tup.tsinghua.edu.cn
质量反馈：010-62772015, zhiliang@tup.tsinghua.edu.cn
印 装 者：河北锐文印刷有限公司
经 销：全国新华书店
开 本：145mm × 210mm 印 张：5.125 字 数：103千字
版 次：2015年8月第1版 印 次：2019年6月第2次印刷
定 价：35.00元

产品编号：065003-02